DIE WEINMACHER

EIN JAHR MIT DEN FRÄNKISCHEN WINZERN

Stefan Bausewein Julia Schuller

ars vivendi

ÜBER UNS

Konsequent neue Blickwinkel. Konsequent neue Gestaltung. Konsequent viel Herzblut. Das war für uns der Ansporn.

Wir sind zwei echte Franken, die gerne zusammen das ein oder andere „Achtele" zwicken und ein gutes Glas Wein zu schätzen wissen. Dass dies nicht als Motivation für dieses ambitionierte Projekt ausreicht, steht außer Frage. Statt über Wein zu philosophieren, wollten wir zeigen, was für ein langer und beschwerlicher Weg mit unzähligen Arbeitsschritten hinter jeder einzelnen Flasche Wein liegt.
Also: Weg von der Romantisierung, kein Bild vom glücklichen Winzer im Weinberg, kein Weinglas, das in ebenso gewohnter wie gestellter Pose im Keller geschwenkt wird. Es geht um das echte, authentische Handwerk und die harte Arbeit eines jeden Winzers. Über ein Jahr begleiteten wir das Who-is-Who der fränkischen Weinszene, aber auch Jungwinzer und Querdenker, die frischen Wind in die bekannte Weinlandschaft bringen. Von Klingenberg im Westen bis in den Steigerwald im Osten, von Hammelburg im Norden bis ins Taubertal im Süden fuhren wir unzählige Kilometer, stiegen hinauf in Frankens beste Lagen, stiegen hinab in Frankens Weinkeller, besuchten 25 Weingüter, eine Winzergenossenschaft, eine Büttnerei, die LWG, waren beim Niederziehen, bei der Laubarbeit, der Lese und der Verarbeitung der Trauben dabei und führten viele intensive Gespräche, um ein Buch zu schaffen, das für den Betrachter überraschende Einblicke in die Arbeitsprozesse des Winzers und das Wachstum der Reben gibt – und das ungewohnte Perspektiven öffnen soll.

Wir sind Gestalter und wollen komplexe Arbeitsprozesse verständlich machen, und zwar so, dass es Spaß macht, die nächste Buchseite aufzuschlagen. Stefan arbeitet als Fotograf und liebt authentische Bilder, die Geschichten erzählen. Julia arbeitet als Konzeptionerin und Designerin. Mit dem Mut, Dinge anders zu gestalten und neue Blickwinkel einzunehmen, ist hoffentlich ein Buch entstanden, das es so noch nicht gab.

Gönnen Sie sich ein gutes Glas Wein und genießen Sie die Reise durch ein Jahr Wein in Franken.

Stefan Bausewein & Julia Schuller

VORWORT

Noch ein Buch über Wein? Hat die Weinwelt darauf gewartet? Angesichts der immensen Fülle an Weinbüchern und Weinführern – und bei einem Blick in meine eigene Weinbibliothek, die mittlerweile einige Meter umfasst – bin ich zugegebenermaßen skeptisch und sehr kritisch, was Neuerscheinungen zum Thema Wein angeht. Aber dann hielt ich das Exposé „Die Weinmacher – Ein Jahr mit den fränkischen Winzern" in Händen und war richtig überrascht, ja erfreut und begeistert. Was für ein erfrischendes redaktionelles Konzept, was für ein kreativer konzeptioneller Aufbau und was für eine ausdrucksstarke Bildsprache! Da waren wirklich zwei Menschen am Werk, deren Heimatverbundenheit, Herzblut und Liebe zum Frankenwein in jeder Zeile und in jedem Bild zu spüren sind, die aber auch den Blick über den Tellerrand, den Blick in die Ferne kennen.

So führt uns das Buch in die Terroirs des fränkischen Weinbaugebietes, angefangen vom Kristallin im äußersten Westen hinein in die fränkische Trias – hin zu Buntsandstein, Muschelkalk und schließlich zum Keuper im Osten. In den Interviews mit Winzerinnen und Winzern verschiedener Generationen und den Porträts der Weingüter wird eines deutlich: Große Weine entstehen nur mit dem Verständnis für jedes einzelne Terroir, für das Zusammenspiel von Boden, Klima, Lage und Rebsorte also, und mit viel Einsatz, Leidenschaft und dem Willen zu harter Arbeit.
Vor allem jedoch führt uns dieses Buch Schritt für Schritt durch das Weinjahr, durch alle Entwicklungsstadien der Rebe und die vielfältigen Arbeiten im Weinberg bis hin zur Lese, aber auch durch die Anforderungen und Finessen der Kellerarbeit bis hin zur Abfüllung des Weins in die Flasche.

Siebzehn Mal will der Rebstock seinen Herrn sehen, sagt ein altes Sprichwort. Trotz Maschineneinsatz bleibt viel Handarbeit, vor allem in den Steilhängen, und eine nachhaltige, im Einklang mit der Natur stehende Bewirtschaftung erfordert heute vom Winzer ein ganzheitliches Denken im Lebensraum Weinberg.

Nach den Mühen und dem Bangen im Weinberg steht dann der Ausbau des Mostes im Keller an. Jetzt schließt sich der Kreis zum fertigen Wein, jetzt sind handwerkliches Können, Erfahrung und das Wissen um die großen Weine der Welt gefragt. Nur fünfunddreißig bis vierzig Mal in seinem Leben hat der Winzer die Chance, einen großen Jahrgang zu erzeugen – und die Natur kennt keine Taste zum Löschen und Neustart! So ist jeder Wein ein eigenständiges, sehr persönliches, von der Natur geprägtes Werk des einzelnen Winzers – „hinter jedem Wein steht ein Gesicht".

Ja, die Weinwelt hat tatsächlich darauf gewartet! Wir in Franken haben auf dieses Buch gewartet. Endlich ein Band über den Frankenwein, der nicht in einer altbackenen Tonalität daherkommt, der nicht wieder die längst überkommenen und unendlich wiedergekäuten Klischees des Frankenweins bedient, sondern wirklich im wahrsten Sinn des Wortes das beschreibt, was Weinfranken im Kern ausmacht, ein Band, der authentisch und ehrlich ist, der die Weinbauern selbst zu Wort kommen lässt und in dem auch mal Klartext geredet wird.

Endlich ein Band, in dem sich das unermüdliche Streben der Winzer nach Perfektion in der Wort- und Bildsprache widerspiegelt. Ich wünsche dem Buch, dass es viele Freunde der fränkischen Weinregion zu einem Kennenlernen einlädt, das nicht an der sichtbaren Oberfläche bleibt, das tiefer geht und mehr wissen will – und natürlich auch einlädt zum Genuss des Frankenweins. In meiner Weinbibliothek wird es einen besonderen Platz einnehmen.

Dr. Hermann Kolesch
Präsident der Bayerischen Landesanstalt für Weinbau und Gartenbau
Veitshöchheim im Mai 2018

INHALT

WINTER

|

REBSCHNITT

FRÜHLING

|

DRAHTARBEITEN
NIEDERZIEHEN
BODENBEARBEITUNG
BEGRÜNUNG

SOMMER

LAUBARBEITEN
TRAUBENENTWICKLUNG
LESEVORBEITUNGEN

HERBST

WEINLESE

WINTER

KELLERARBEIT

WEIN-
FRANKEN

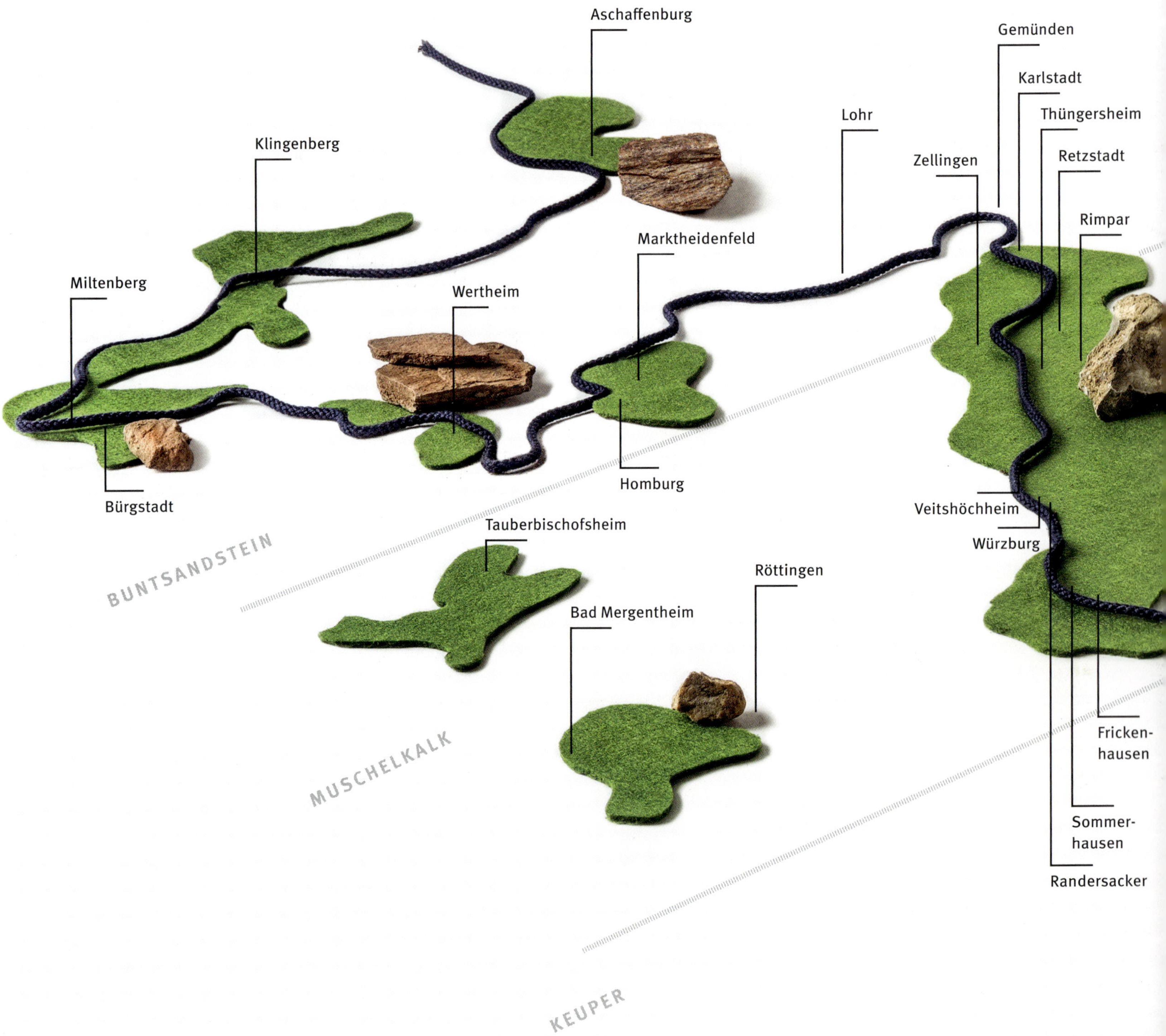

Hammelburg
Ramsthal
Oberschwarzach
Sand
Bergtheim
Escherndorf
Sommerach
Volkach
Sulzfeld
Kitzingen
Castell
Iphofen
Hüttenheim

WINTER

REBSCHNITT

Die Winterpause ist für die Winzer, wenn überhaupt, nur eine kurze: Mit dem Rebenschneiden beginnt das Weinjahr bereits im Januar und Februar noch vor dem ersten Austrieb. Dabei wird – bestenfalls bei frostigen Temperaturen und oft in mehreren Wochen Arbeit – mit Handschuhen und Rebscheren das alte Holz des vergangenen Jahres entfernt oder korrigiert, und die neuen Fruchtruten werden bestimmt. Dadurch werden die Triebkraft des Stockes und somit auch schon die Laub- und Traubenentwicklung sowie der Ertrag reguliert. Ein sorgfältiger und selektiver Rebschnitt bildet das Fundament für die spätere Qualität des Weines.

PRIVAT-WEINGUT SCHMITT

Mit Weinbergen in Bergtheim, Thüngersheim, Retzbach, Escherndorf und Handthal sind die 30 Hektar Rebfläche des Privat-Weinguts Schmitt in ganz Franken auf die Regionen Mittelmain, Volkacher Mainschleife und Steigerwald verteilt. Dabei legt das Weingut Wert auf naturnahe Bewirtschaftung; die Herstellung des Weins erfolgt mit regenerativen Energien. Spät geerntete Trauben werden möglichst schonend gepresst und im Weinkeller in Edelstahlfässern – Spitzenweine in Eichenholzfässchen – gelagert. Seit drei Jahrzehnten erzielt der Bergtheimer Familienbetrieb bei Wein- und Sekt-Prämierungen nationale wie internationale Auszeichnungen, unter anderem bei AWC Vienna, International Wine Challenge London, Challenge International du Vin und Vinitaly.

„DIE PERGOLA-ERZIEHUNG IST EIN WAHRER SCHATZ."

Interview mit Anja Schmitt-Kraiß und Frank Kraiß

Die Pergola-Erziehung ist hauptsächlich in Süditalien, Portugal, aber auch in Südamerika verbreitet und selten in Franken anzutreffen. Ist das für Sie ein Experiment oder ein wahrer Schatz?
Ein wahrer Schatz. Wir haben so eine bessere Sonneneinstrahlung, geringere Stockbelastungen – und der Ertrag ist geringer als in anderen Anlagen, deswegen erreichen wir höhere Oechslegrade und bessere Qualitäten. Außerdem ist der Weinberg jetzt trotz der Steillage maschinell befahrbar. Früher hatten wir über 65 Prozent Steigung, da ging das nur mit Seilwinde. Seitdem er terrassiert ist, können wir dort mit dem Schlepper fahren.

Ist die Arbeit über das Jahr durch die Pergola-Erziehung aufwendiger, ist sie einfacher – wie unterscheidet sie sich vom klassischen Anbau?
In der Terrassenanlage arbeitet man viel über Kopf. Dadurch ist es beschwerlicher. Aber man steht zumindest gerade und hat den steilen Hang

Seit wann betreibt Ihre Familie Weinbau?
1493 ist das Familienwappen überreicht worden. Wenn man in den alten Unterlagen nach Weinbau schaut, so existiert ein Foto aus der Zeit nach 1900, vom Ende der 20er-Jahre, ein riesengroßes Familienbild, aufgenommen in Bergtheim. Darauf sind 30 Familienmitglieder zu sehen, und das Wichtigste war anscheinend der Bocksbeutel, denn der steht in der Mitte. Aber dazu gibt es keine Aufzeichnungen.

nicht. Insgesamt ist die Arbeit etwas schwerer, aber es macht auch mehr Spaß unter der Pergola.

Welche Rebsorten bauen Sie da an?
Riesling, Silvaner, Scheurebe und Spätburgunder.

Dann ist die Pergola-Erziehung rebsortenunabhängig?
Ja, das ist egal, was die Rebsorten betrifft.

Das Weingut Schmitt hat seine Lagen in ganz Franken verteilt. Wie kam es dazu?
Ja, warum sind unsere Weinberge so weit verstreut? Wir haben Lagen in Handthal, Retzbach, Thüngersheim, Bergtheim und Escherndorf. Mein Opa Ernst Schmitt kam aus Thüngersheim, hat nach Bergtheim geheiratet und zur Hochzeit ein Stück Weinberg von seinen Eltern gekriegt. Die Familie seiner Frau Amanda in Bergtheim hatte ebenfalls einen Weinberg. Und aus dem kleinen Stück Weinberg wurde durch den Tausch von Ackerflächen in Weinbergflächen immer mehr. Dann kam Retzbach hinzu – und mit Frank schließlich die Handthal-Weinberge.

Die Vorfahren aus Untereisenheim und Thüngersheim haben alle Weinbau gemacht, und Anfang der 40er-Jahre ist der Weinbau dann so richtig angelaufen.

Was sind die Besonderheiten, wenn man so viele Flächen in Franken verteilt hat?
Der Vorteil ist: Wenn wir Frost haben, sind immer Stücke dabei, die nicht betroffen sind. Auch bei Hagel oder sonstigen Umwelteinflüssen ist nicht gleich alles kaputt, man kann weiter existieren. Die Nachteile sind natürlich die immensen Entfernungen zwischen den bewirtschafteten Flächen oder wenn wir die Trauben heimtransportieren wollen.

Gibt es irgendwelche besonderen Maßnahmen, die Sie ergreifen, damit das logistisch klappt?
Wir verladen alles auf Tieflader. Da ist man schneller unterwegs, die Schlepper laufen ja bloß 40 km/h. Zur Logistik: Man muss halt alles vorher planen und dann zum Beispiel mit einer großen Mannschaft, also gleich sieben, acht Mann, nach Handthal fahren, wenn Handarbeit ansteht.

FRÜHLING

DRAHTARBEITEN
NIEDERZIEHEN
BODENBEARBEITUNG
BEGRÜNUNG

Nach Korrektur der Drahtanlagen samt Stickel (Holzpfählen) steht im Frühjahr das sogenannte Niederziehen an: Wenn an den Schnittstellen der Reben im März und April Saft austritt und sie „bluten“, beginnt der Vegetationszyklus. Dann werden die Fruchtruten (traditionell mit Weiden) an der Drahtanlage nach unten gebunden, d. h. „niedergezogen“. Durch den Flach- oder Pendelbogen wird ein gleichmäßiges Wachstum der Triebe ermöglicht, was die späteren maschinellen Arbeiten an der Laubwand erleichtert. Ab April wird der Boden maschinell aufgelockert, Begrünungspflanzen werden eingesät und es wird gedüngt. Das natürliche Bodenleben, sein Luft-, Wasser- und Humushaushalt, soll dadurch gefördert und die Rebe bestmöglich mit Nährstoffen versorgt werden. Ende April, Anfang Mai folgt in mehreren Behandlungen auch die Phase des Pflanzenschutzes gegen (Pilz-)Krankheiten, wie den Echten oder Falschen Mehltau. Beide Krankheiten wurden Ende des 18. Jahrhunderts eingeschleppt.

WINZER SOMMERACH

In einer wirtschaftlichen Notlage schlossen sich 35 Sommeracher Winzerfamilien zu Beginn des 20. Jahrhunderts zusammen – mittlerweile besteht die erste und älteste Winzergenossenschaft Frankens aus 90 kleinen Familien, die zurzeit 196 Hektar Rebfläche bewirtschaften. Sie wurde bereits mehrfach als „Beste Deutsche Genossenschaft" ausgezeichnet. Ein hoher Anspruch, eine gemeinsame Vision und echte, traditionelle Handwerksarbeit verbinden die Mitgliedsbetriebe der Genossenschaft WINZER SOMMERACH. Bei der selektiven Handlese helfen sie sich gegenseitig aus, und die „Familiengewächse" tragen die Namen der Weinbauern, die für deren Qualität verantwortlich sind. Weine vom Sommeracher Katzenkopf, der berühmtesten Weinbergslage der Genossenschaft, sind regelmäßig auf den Bestenlisten nationaler und internationaler Weinverkostungen vertreten.

Viele Leute denken, der Wein wächst das Jahr über, und im Herbst erntet man die Trauben. Doch selbst im Winter bei Minusgraden sind die Winzer im Weinberg aktiv. Was passiert während des Winterschlafs der Reben?

Man muss schon sagen, im Winter ist es ruhiger als in der Vegetationsphase. Aber man ist um diese Zeit natürlich dabei und fängt so langsam mit dem Schneiden an. Das Schneiden ist sehr wichtig und erstens schon mal eine Maßnahme, die über die Langlebigkeit des Stockes entscheidet. Wenn man richtig und gut schneidet, entscheidet man Jahr für Jahr über das spätere Alter des Rebstocks und auch über die Frage, wie vital der Rebstock bleibt, auch nach 20, 25, 30 Jahren. Und man entscheidet zweitens natürlich mit dem Anschnitt auch über den Ertrag. Unsere Winzer hier in der Genossenschaft bessern außerdem ihre Anlagen aus. Wenn es gefroren hat, kann man zum Beispiel auch ein bisschen Kompost reinfahren, oder man fährt die Trester aus dem letzten Herbst, die werden kompostiert und man kann sie dann im Winter gut ausbringen. Organische Düngung also.

Im März/April erwacht dann der Weinstock. Einer der ersten Arbeitsschritte ist das Niederziehen der Ruten. Worauf achten Sie hier?

Beim Niederziehen achtet man darauf, dass man einen ganz kleinen Knick macht, natürlich ohne dass die Rute abbricht. Eine Rebe ist ja eine Schlingpflanze, die eigentlich gerne in Bäumen lebt, bis nach oben und immer in die Länge wächst und die gerne die Triebe ganz am Ende begünstigt, nicht die Triebe an der Basis. Durch diesen kleinen Knick provoziert man einen Saftstau und begünstigt das Wachstum der Triebe im Kopfbereich des Stammes. Das ist wichtig, dass man da wieder Holz für das nächste Jahr hat. Beim Niederziehen braucht man ein bisschen Gespür und Erfahrung. Man arbeitet mit einem vorjährigen Trieb, aus dem dann im Laufe der Vegetationsperiode, also ab Mai, die neuen Triebe austreiben, an denen später auch die Trauben dranhängen. Und man sollte mit diesem Vorjahrestrieb den Standraum zwischen zwei Stöcken komplett ausfüllen. Das ist eine Grundvoraussetzung, um dann im Sommer eine gleichmäßig verteilte Laubwand zu haben, gleichmäßig verteilte Triebe. Wenn die Triebe zu eng aufeinanderliegen, dann ist das immer gefährlich in Sachen Verdichtung, Gesundheit der Trauben.

Auf Frost bereitet man den Stock ja schon während des Rebschnitts vor – Stichwort Frostrute –, um da noch einmal ein Back-up zu haben.

In der Regel lässt man beim Schneiden erst einmal zwei Ruten stehen. Eine wird niedergezogen, und die zweite bleibt stehen. Ende April/Anfang Mai treiben die Reben aus, und das ist auch die Zeit, in der es tendenziell noch einmal gefährlich ist, wenn wir in den frühen Morgenstunden minus zwei, drei Grad haben. Wenn dann schon frisches Grün da ist, erfriert das natürlich. Da Kaltluft schwerer als warme Luft ist, fließt sie am Hang, am Boden hinab. Das heißt, die Frostrute, die noch senkrecht in die Höhe steht, ist von solchen Frostereignissen meistens weniger stark betroffen als die, die bereits heruntergebunden ist. Deshalb schneidet man dann die heruntergebundene, erfrorene Rute ab und zieht die Reserverute, die Frostrute, noch einmal nieder. Meistens sind davon die Weinberge betroffen, die in der Senke liegen, in der sich in der Früh die Kaltluft sammelt.

In eine Winzergenossenschaft sind viele unterschiedliche Betriebe integriert. Wie stellen Sie sicher, eine gemeinsame Linie zu fahren?
Wir überlassen nichts dem Zufall. Wir sprechen mit jeder unserer Familien genau ab, welcher Wein in ihrem Weinberg wachsen soll. Und unser Kellermeister hat für jeden Wein eine Vorgabe entwickelt, wie die ideale Traube für diesen Wein auszusehen hat. Die Familie arbeitet dann natürlich genau auf das Ziel, diese Traube für diesen bestimmten Wein zu erzeugen, hin.

Bild oben: Im Winter und Frühjahr wird die Zeit genutzt, um die Drahtanlage und die Stickel zu erneuern.
Bild links: Die Ruten werden traditionell mit Weiden an der Drahtanlage niedergezogen.

Wo sind die Vorteile einer Genossenschaft? Und wo liegen mitunter auch die Schwierigkeiten?

Die Vorteile der Genossenschaft sind ganz klar: Wenn sich kleine Familien – egal, ob in der Landwirtschaft oder im Weinbau – zusammenschließen, haben sie natürlich ganz andere Möglichkeiten, sich mit einer tollen Vinothek, mit einem tollen Kellermeister, mit entsprechendem Know-how zu versorgen. Wenn Menschen zusammen etwas unternehmen, dann können sie ganz andere Dinge stemmen als jeder Einzelne für sich allein. Der Nachteil ist vielleicht, dass es natürlich schon viele Köpfe sind. Und da bedarf es guter Mechanismen und Spielregeln. Das kann man ja selbst ausgestalten in der Genossenschaft – über die Satzung, die sich die Mitglieder geben. Aber man muss schon ein bisschen aufpassen, dass der Flohzirkus nicht in verschiedene Richtungen auseinanderspringt.

Worin unterscheiden Sie sich von den anderen Genossenschaften, die es hier gibt?

Wir unterscheiden uns von anderen Genossenschaften und auch von dem ein oder anderen Weingut dahingehend, dass wir keine Kompromisse machen, was die Beschaffenheit des Lesegutes betrifft. Wir befolgen ganz eisern das Gesetz: Die Qualität eines Weines wächst draußen im Weinberg. Und dafür braucht es erstklassiges Lesegut, erstklassige Trauben. Das geht nur auf richtig guten Standorten und mit sehr viel Einsatz und Handarbeit. Wir denken da einfach auch anders, sind die andersdenkende Genossenschaft.

Heutzutage genügt es ja nicht mehr, nur Wein zu verkaufen. Wie versuchen Sie, die Kunden anzusprechen?

Wir sind dazu übergegangen, mit allen Aktivitäten, die wir hier machen, Menschen anzusprechen, die die Werte mit uns teilen, die wir leben; eben diesen hohen Anspruch an die Qualität, dieses Keine-Kompromisse-Machen. Unser Kellermeister tüftelt jetzt schon wieder herum, was er nächstes Jahr mit den Familien draußen im Weinberg aus den Erfahrungen des letzten Jahres heraus besser machen kann. Wir bleiben nie stehen. Wir gehen unseren eigenen Weg. Wir imitieren nicht. Wir laufen niemandem nach. Wir laufen nicht den Italienern und den Franzosen und den Südafrikanern nach. Sondern wir stehen als älteste fränkische Winzergenossenschaft mit zwei Beinen hier in Sommerach in den Weinbergen. Und da wollen wir zeigen, dass wir tolle Weine machen. Und egal, wie jung, wie alt, wie reich, wie arm jemand ist: Wer auf diese Werte steht, für den haben wir den passenden Wein. Und das sind auch unsere Fans: die Menschen, die sagen, wir wollen wissen, wer das macht, wir wollen wissen, dass da Herzblut und Leidenschaft dahintersteht und dass da auch wirklich für die Qualität gekämpft wird. Wer das mitträgt, der liebt unsere Weine.

Wie schaffen Sie es, die Leute an Ihr Weingut heranzuführen? Und was bieten Sie um den Wein herum noch an?

Erst einmal ist bei uns 359 Tage im Jahr geöffnet. Zu uns kann man kommen, wenn man Lust hat, ein Gläschen Wein zu trinken, eine Brotzeit zu machen, im Sommer draußen zu sitzen in der Sommerbar. Man kann uns also einfach mal ganz unverbindlich erleben. Und man kann hier ein bisschen die Seele baumeln lassen und Sommerach und

Sie haben ja verschiedene Methoden, mit denen Sie die Weinberge analysieren und dann auch noch einmal während des Jahres an gewissen Stellschrauben drehen.

Je nachdem, welchen Wein man später abfüllen möchte, ergeben sich ganz unterschiedliche Arbeitsschritte draußen in der Laubwand. Von Januar, also vom Schneiden an, bis zur Lese sind wir mit den Familien in den Weinbergen unterwegs, um eben genau diese notwendigen Arbeitsschritte a) zu schulen und b) aber auch ein Stück weit zu kontrollieren. Im August bei der Arbeit für die Spitzenweine sind wir ebenfalls dabei. Da wird jede Traube einmal in der Mitte durchgeschnitten, halbiert, damit sie im Herbst, wenn es bei der Weinlese regnet, gesünder bleibt. Zudem werden einzelne Blättchen, einzelne Triebe entfernt. Wir sind während der Vegetationsperiode also sieben-, acht-, neunmal mit den Familien draußen in den Flächen.

das schöne Ambiente genießen. Wir bieten aber auch sehr viele Veranstaltungen an: unser Pfingst-Weinfest, ein Open-Air-Kino und im Sommer Veranstaltungen draußen in den Weinbergen. Jedes Wochenende gibt es außerdem einen Weinbummel durch die Weinberge mit einem Winzer oder einem Kellermeister von uns. Wir haben hier eine kleine Weinschule, in der man sich auch sensorisch weiterbilden kann. Und wer unsere Einstellung und Werte teilt, der nimmt in der Regel auch ein Kistchen Wein mit nach Hause.

„WER UNSERE EINSTELLUNG UND WERTE TEILT, DER NIMMT IN DER REGEL AUCH EIN KISTCHEN WEIN MIT NACH HAUSE."

Interview mit Frank Dietrich, geschäftsführender Vorstand der Genossenschaft WINZER SOMMERACH

WEINGUT RUDOLF FÜRST

Das Weingut Fürst ist eines der renommiertesten Rotweinweingüter Deutschlands und hat seinen Sitz in Bürgstadt am Main zwischen Spessart und Odenwald. Klima und Boden unterscheiden sich hier, im Westen Frankens, deutlich von den sonstigen Gegebenheiten des Landstrichs. Der Centgrafenberg, die Toplage des Weinguts, zeichnet sich durch seinen Buntsandstein-Verwitterungsboden und die Südlage aus, was ihn für Riesling und Spätburgunder prädestiniert. Mit dem Frühburgunder lassen Paul Fürst und sein Sohn Sebastian Fürst aber auch eine alte autochthone Rebsorte der Maingegend wieder aufleben. Insgesamt werden rund 19 Hektar Reben bewirtschaftet und etwa 120.000 Flaschen Wein im Jahr abgefüllt. Gault&Millau und Eichelmann verliehen die Prädikate „Winzer des Jahres“ und „Bester Rotwein“, 2018 kürte Falstaff Deutschland die Fürsts zum „Winemaker of the Year“.

Wie schaffen Sie es, jährlich bei Eichelmann und Gault&Millau als exzellenter Betrieb ausgezeichnet zu werden? Ist das nicht auch ein enormer Druck? Wie gehen Sie mit der daraus resultierenden Erwartungshaltung um?
Das ist richtig, dass wir das Glück haben, die letzten Jahre in den wirklich wichtigen Weinführern sehr gut abgeschnitten zu haben. Da sind wir verwöhnt, wobei das auch für uns keine Selbstverständlichkeit ist. Wir freuen uns über diese guten Kritiken. Uns ist dabei aber schon bewusst, dass man immer daran arbeiten muss. Jeder Jahrgang muss neu auf die Flasche gebracht werden. Und da ist sicherlich ein gewisser Druck und auch die Herausforderung, mindestens ans Jahr vorher anzuknüpfen, wenn die Natur das hergibt. Oder auch immer ein bisschen daran zu feilen, vielleicht irgendwo sogar noch ein bisschen zuzulegen. Wir wollen wirklich all unsere Energie in den Wein hineinstecken. Und wenn es gute Bewertungen gibt, ist das natürlich eine tolle Wertschätzung für die Arbeit, die man macht. Wir Winzer sind bodenständig, haben Spaß an unserem Job und versuchen, ihn so gut wie möglich zu machen.

Rotweine entwickeln bekanntlich über mehrere Jahre ihr volles Aroma. Welche Rolle spielt hierbei das Fass, in dem der Wein lagert?
Das Fass ist ein wichtiger Punkt. Aber es ist nur ein Punkt von sehr, sehr vielen. Vielleicht könnte man sogar sagen: Das Fass kommt am Schluss, wenn schon die wichtigsten Entscheidungen getroffen und die wichtigsten Arbeiten getan sind. Es ist einfach das perfekte Medium für die Reife des Weins. Und wir suchen immer ein Fass, das zu dem jeweiligen Wein gut passt und gleichzeitig nicht aufdringlich ist. Ein Fass soll den Wein unterstützen, es darf nicht vordergründig sein. Der Wein soll nicht holzig schmecken, sondern das Holz soll dem Wein Kraft und Eleganz und Langlebigkeit geben. Ein wichtiges Thema. Gute Fässer müssen sorgfältig ausgesucht werden. Die besten Fässer sind natürlich auch unheimlich teuer, aber gerade, wenn man viel neues Holz für den Wein verwendet, braucht man eine sehr, sehr hohe Holzqualität.

Und wo kommen Ihre Fässer her?
Unsere Fässer kommen zum Großteil aus dem Burgund, wobei wir auch Experimente mit Fässern aus Deutschland und Österreich machen. Mit Spessarteiche und Pfälzer Eiche.

Was sind denn die wichtigsten Schritte für einen guten Rotwein?
Der erste Schritt ist schon mal, die richtige Rebsorte am richtigen Platz zu pflanzen. Das ist bestimmt der wichtigste Schritt überhaupt. Also: Passt die Rebsorte zum Platz? Das kann selbst an einem Weinort schon stark variieren. Wir haben Stellen hier in Bürgstadt, da wächst zum Beispiel der Weißburgunder ganz toll. Und viele andere Plätze – die meisten Plätze in Bürgstadt – sind zu steinig und zu karg für den Weißburgunder. Und da fallen die Ergebnisse weniger spannend aus. Das ist also die Grundvoraussetzung. Das richtige Pflanzgut, den Weinberg gut aufbauen, den Weinberg nicht immer nur melken, sondern ihm auch immer wieder etwas Gutes zurückgeben – ob das die Pflege des Bodens ist oder das Einbringen von Kompost. Die Qualität, das ist nicht nur eine Floskel, die Qualität wird wirklich zum

In den Steillagen Klingenbergs ist kein Maschineneinsatz möglich. Deshalb muss der Boden in mühsamer Handarbeit mit der Harke aufgelockert werden.

„DER ERSTE SCHRITT IST, DIE RICHTIGE REBSORTE AM RICHTIGEN PLATZ ZU

ganz, ganz großen Teil im Weinberg gemacht. Und gerade speziell für Rotwein spielen Erträge eine unheimlich wichtige Rolle. Niedrige Erträge sind beim Rotwein ganz entscheidend für Topqualität. Und eben eine aufwendige Weinbergpflege. Im Keller ist auf jeden Fall ein bisschen Know-how notwendig. Was kann man mit so einem Rotwein machen? Wie läuft die Maischegärung richtig ab? Und wie viel Tannin laugt man aus? Wie oft stampft man die Trauben am Tag, wie lange lässt man die Trauben auf der Maische und so weiter. Also gibt es schon auch im Keller ein paar Knackpunkte.

Sie arbeiten in extremen Steillagen, die nur als Terrassenanlagen bewirtschaftet werden können. Vor welche besonderen Herausforderungen stellt Sie diese Anbaumethode?
Wir haben in Klingenberg und Bürgstadt circa 2,5 Hektar in steilen Terrassen, die nicht mit dem Traktor zu bewirtschaften sind. Diese Weine müssen natürlich auch einen gewissen Preis erwirtschaften können, dass man sich das überhaupt leisten kann. Es kann andererseits auch nicht so sein, dass ein Wein nur deswegen teuer ist, weil er in einer solchen anstrengenden Lage wächst. Er muss dann auch wirklich auf dem Tisch den Preis rechtfertigen, auch für denjenigen, der nicht in der Lage steht. Aber diese Steillagen in Klingenberg und auch in Bürgstadt bringen schon kraftvolle, tiefgründige Spätburgunder hervor. Die Arbeit ist intensiv und auch kostenintensiv, doch das liegt uns einfach unheimlich am Herzen, auch weil diese Terrassen ein spannendes Arbeitsfeld sind. Und selbst, wenn wir in den Terrassen ein bisschen weniger wirtschaftlich arbeiten als in anderen Weinbergen, ist es für uns einfach eine Herausforderung und gehört irgendwie dazu. Gleichzeitig hat das alles auch einen kulturellen und landschaftlichen Aspekt.

Wenn wir jetzt noch mal kurz auf die Arbeitsprozesse eingehen, die wir bei Ihnen gesehen haben: Im Frühjahr geht es ja um Bodenbearbeitung. Was wird da genau gemacht?
Die einzige Bodenbearbeitung, die wir dort im Weinberg eigentlich machen können, ist das Hacken. Wir verwenden ja keine Herbizide. Also können wir nur mechanisch den Unterstock, eben den Boden, öffnen. Und das heißt, es muss entweder gehackt oder geschnitten werden, auch das Gras oder die Pflanzen, die unter dem Stock wachsen. Wo man zum Beispiel mit der Sense nicht hinkommt, da müssen die dann auch mal mit der Hand rausgezogen werden. Das ist schon ziemlich aufwendig. Gerade in den Steillagen. Wir sind zwar kein zertifizierter Biobetrieb, arbeiten aber biologisch. Und wenn man das tut, dann ist das in den Steillagen wirklich noch mal ein ganz gewaltiger zusätzlicher Berg Arbeit.

Das klingt nach schweißtreibender Arbeit.
Wir sagen auch „Terrassensport" dazu.

Roter Buntsandstein und Spätburgunder – ein Dream-Team?
Die Frage würde ich auf jeden Fall bejahen. Der Spätburgunder kann auf einigen Bodentypen wirklich ganz grandiose Ergebnisse bringen, der Buntsandstein gehört da bestimmt dazu. Die Weine auf diesen kargen, steinigen, eisenhaltigen Böden bleiben immer auf der puristischen und feingliedrigen Seite, und trotzdem kriegen diese Weine einen schönen langen Nachhall, oft eine rote Beerenfrucht, Sauerkirsche im Aroma. Und wenn die Weine vom roten Buntsandstein gut gemacht sind, haben sie in der Regel auch eine sehr, sehr hohe Langlebigkeit.

Seitentriebe werden ausgebrochen, damit die jungen Weinstöcke ihre Energie in das Wachstum ausgewählter Ruten stecken können.

WEINGUT MARKUS SCHMACHTENBERGER

Die Familie Schmachtenberger zählt zu den ältesten Weinbaufamilien im Maindreieck, und für Inhaber Markus Schmachtenberger bedeutet dies eine besondere Verpflichtung zu nachhaltigem Weinbau. So ist das Weingut seit dem 1. September 2017 als Biobetrieb zertifiziert und Mitglied bei ETHOS Franken, einer Gruppe von 13 jungen Winzern mit einer gemeinsamen Haltung und dem Ziel, Ökologie, Ökonomie und Soziales in Einklang zu bringen. Neben „Ewig Leben", der Großlage Randersackers, werden Weinberge am Marsberg und Sonnenstuhl kultiviert – mit einer großen Bandbreite an Rebsorten vom Silvaner, Silvaner Alte Reben, Müller-Thurgau, Bacchus und Riesling über Weißburgunder und Scheurebe bis hin zu Domina und Spätburgunder. Immer erfährt dabei der Weinberg als Lebensraum bewusste Unterstützung durch Einzelbäume, Begrünungen, aber auch Insektenhotels und Nistkästen für Vögel.

„NACHHALTIGER WEINBAU BEDEUTET, ÖKOLOGIE, ÖKONOMIE UND SOZIALES IN EINKLANG ZU BRINGEN."

Interview mit Markus Schmachtenberger

Was sind für Sie wichtige Innovationen und Weiterentwicklungen seit der Übernahme des Familienweinguts?

Die Innovation besteht eigentlich darin, „back to the roots“ zu gehen. Wieder einen Schritt zurückzugehen hinter das, was wir in den Achtziger- oder Neunzigerjahren vielleicht falsch gemacht haben durch zu viel Agrochemie. Wir sind jetzt in der Umstellung zum Bio-Weingut. Zudem wollen wir authentische Weine machen. Dafür stehen wir auch, dass wir gut Lagen herausarbeiten können, hauptsächlich im Muschelkalk. Ob das jetzt Sonnenstuhl ist, ob das Ewig Leben oder Marsberg ist, die Silvaner oder die Burgunder aus den verschiedenen Lagen schmecken bei uns unterschiedlich, und man kann die Lage und das Terroir sehr, sehr gut nachvollziehen.

Inwieweit spielen Flora und Fauna da eine Rolle und beeinflussen den Wein?

Das hängt alles zusammen, das ist ein Ökosystem. Und ohne dieses Ökosystem, ohne einen funktionierenden Ansatz für das Ökosystem, kannst du keine guten Weine machen. Das heißt, ich habe durch Flora und Fauna eine Viadukt-Vernetzung. Und diese Viadukt-Vernetzung muss ich stützen. Solche Kleinstrukturen, ob das jetzt Obstbäume sind, ob das Saumstrukturen sind, ob das ein Naturschutzgebiet wie beispielsweise oben am Marsberg ist, bringen eine unheimliche Artenvielfalt. In den Trocken-, Mager-, Rasenwiesen steckt eine Artenvielfalt von über 6.000 verschiedenen Arten. Und diese Artenvielfalt hilft natürlich auch den Rebstöcken. Weil der Rebstock an sich schon immer in Symbiose mit anderen Pflanzen und Tieren existiert hat. Das war in der Natur nie so, dass eine Pflanze allein stand – oder, wie wir es heute im Extrem haben – in einer reinen Monokultur. Und wenn ich dieser Monokultur dann noch eine Monokultur, beispielsweise Grasbegrünung, gegenüberstelle, habe ich nichts gewonnen. Ich brauche also eine vielfältige Begrünung. Ich brauche Leben im Weinberg. Und ich brauche Leben im Boden, damit ich einen guten Wein erzeugen kann.

Wie muss der Boden beschaffen sein, damit sich der Wein optimal entfalten kann?

Ein Boden muss locker sein. Ein Boden muss fruchtbar sein. Ein Boden muss humos sein. Ein Boden muss Leben in sich haben und gut strukturiert sein, damit sich die Rebe auch wirklich an diesem Standort wohlfühlt. Das heißt, er darf nicht verdichtet sein. Er darf nicht staunass sein. Er sollte einfach ausgewogen sein, harmonisch und feinförmig. Er muss gut riechen und der Nährstoffgehalt muss stimmen.

Wir stehen hier auf der Welt, die wir sehen. Aber unten drunter befindet sich noch mal eine komplett andere Galaxie, ein eigener Mikrokosmos. Allein in einer Hand voll fruchtbarem Boden stecken ja so viele Mikroorganismen, wie auf der ganzen Welt Menschen leben. Dazu gehört beispielsweise auch die Symbiose von Pilzen mit dem Rebstock, das nennt sich Mykorrhiza. Und diese Mykorrhiza vergrößert die Wurzeloberfläche, ob am Baum oder bei uns im Weinberg, und hilft dadurch auch bei der Nährstoffaufnahme. Und das muss man stützen. Deswegen kann man auch nicht mit synthetischen oder chemischen Pflanzenschutzmitteln oder mit Herbiziden Weinbau betreiben, um guten Wein zu erzeugen.

Und wie pflegt man den Boden, sodass er reich an Nährstoffen ist beziehungsweise angereichert wird?
Das geht hauptsächlich über Begrünung und Lockerungsmaßnahmen. Das heißt, über ein bewusstes Bodenmanagement. Wir haben teilweise Einsaaten mit bis zu fünfzig verschiedenen Sämereien beziehungsweise Arten. Und die helfen uns dann, durch die Biodiversität in der Begrünung die Böden zu lockern, die Böden zu stabilisieren und natürlich auch Nährstoffe für die Reben aufzuschließen.

Stichwort Sortenvielfalt: Ist Silvaner gleich Silvaner? Wo liegen die Unterschiede? Und was sind da Ihre persönlichen Experimente?
Wir haben hier einen gelben Silvaner, wir haben einen grünen Silvaner, wir haben einen blauen Silvaner, wir haben einen roten Silvaner. Und mit dieser Variabilität im Rebsorten-Spektrum arbeiten wir. Das heißt, uns ist es wichtig, nicht nur Biodiversität in der Fläche über Begrünung, über Hecken, über Saumstrukturen zu erreichen, sondern auch Biodiversität über die Rebstöcke zu haben. Diese Biodiversität in der Fläche macht es dann auch aus, dass ein gewisses Spiel in den Weinen entsteht.

Sie sind Mitglied in der Ethos-Gruppe. Wofür steht dieser Verbund und was sind die Ziele?
Das Ziel von Ethos ist ein nachhaltiger Weinbau. Das bedeutet, Ökologie, Ökonomie und Soziales in Einklang zu bringen. Da sind sehr viele verschiedene Ansätze dabei, beispielsweise das nachhaltige Arbeiten für die nächste Generation. Dann der ökologische Ansatz. Und was ganz wichtig ist bei Ethos, das ist die soziale Verpflichtung. Es geht um eine ethische Verantwortung im Gesamtbetrieb, um es auf den Punkt zu bringen. Wie gehe ich mit meinen Mitarbeitern um? Wie gehe ich mit mir als Unternehmerfamilie um? Wie gehe ich mit Lieferanten um? Wie gehe ich mit Kunden um? Es geht um eine ethische Verantwortung, die der Betrieb ausstrahlen soll.

WEINGUT TROCKENE SCHMITTS

Bei den Trockenen Schmitts in Randersacker ist der Name Programm: Das Weingut erzeugt ausschließlich naturreine Weine ohne Zuckerzusatz, die sich unabhängig von der Rebsorte durch ihren „fränkisch trockenen" Charakter auszeichnen. So setzen die Brüder Paul und Bruno Schmitt sowie Pauls Sohn Lothar Schmitt auf naturnahen Anbau, lassen alle Weine durchgären und verzichten auch in mageren Jahren auf die Anreicherung des Mostes. Über insgesamt 16 Hektar Rebfläche erstrecken sich ihre Weinberge in den Randersackerer Lagen Teufelskeller, Pfülben, Lämmerberg, Ewig Leben, Marsberg, Sonnenstuhl und Dabug, die mit den Weißweinsorten Silvaner, Müller-Thurgau, Riesling, Rieslaner, Traminer, Scheurebe, Weißburgunder, Grauburgunder und Bacchus bestockt sind, aber auch mit Rotweinen wie Frühburgunder und Spätburgunder, die im Barrique ausgebaut werden.

„TROCKEN IST EIN DEHNBARER BEGRIFF. BEI UNS WIRD ER NICHT UNNÖTIG STRAPAZIERT.“

Interview mit Lothar Schmitt

Doppeltriebe und wilde Ruten werden entfernt, damit die Fruchtruten, an denen später die Trauben wachsen, optimal versorgt werden.

Trockene Schmitts – wie kommt es zu dem Namen, was steckt dahinter?
Früher gab es „fränkisch trocken“ auch als Bezeichnung für Weine. Bis vier Gramm Restzucker waren geboten, das hat sich inzwischen alles ein bisschen relativiert. Heute wird viel im „deutsch trockenen“ Bereich angeboten, weil es der breiten Masse oft besser schmeckt, wenn der Wein etwas mehr Zucker hat. Es trinkt halt jeder gerne „trocken“, weil das in ist, und wenn es nicht „trocken“ ist, dann ist es „feinherb“. Dazu kommt: In Randersacker findet man fünf Weingüter Schmitt, da war es für die Kunden recht schwierig, alle auseinanderzuhalten. Als in den 70er-Jahren die „süße“ Welle gekommen ist, haben viele Winzer umgestellt und auch Weine mit mehr Restsüße angeboten. Bei uns gab es immer nur trockene Weine, und wenn dann die Kunden hier waren oder ihrem Kollegen oder den Nachbarn erzählt haben, wo sie eingekauft haben, hieß es: „Bei dem trockenen Schmitt.“ 2002 haben mein Onkel und mein Vater

ihre beiden Betriebe zusammengelegt und einfach den Spitzamen von den Kunden übernommen. Bei „Trockene Schmitts" wissen die Leute gleich, woran sie sind. Und die meisten verstehen auch, was es bedeutet und dass man bei uns halt nichts Halbtrockenes kriegt. „Trocken" ist ja ein dehnbarer Begriff, bei uns wird er nicht unnötig strapaziert, unsere Weine haben eigentlich zu 99 Prozent zwischen null und einem Gramm Restzucker. Sind also durchgegoren trocken, nicht nur ziemlich trocken.

Was ist das Besondere an Ihren Weinen? Den geringen Restzuckergehalt haben Sie schon angesprochen. Gibt es sonst noch irgendetwas, das typisch für Ihre Linie ist?

Das Naturreine. So nennt man es, wenn die Weine ganz durchgären, wenn sie nicht mit Zucker „verbessert" werden, wenn also keine Anreicherung stattfindet und auch keine Süßreserve zugegeben wird. Das war früher mal ein Qualitätskriterium, es ist aber mittlerweile verboten, das auf die Flaschen draufzuschreiben. Mein Uropa war Gründungsmitglied im Verband der Naturwein-Versteigerer, da waren lauter namhafte Betriebe dabei; Ziel war es, authentische Weine zu produzieren, die nicht künstlich verändert werden, sondern so auf die Flasche kommen, wie sie gewachsen sind, und dann auch das Terroir widerspiegeln. Das ist eigentlich das Besondere bei uns, ich mach das jetzt in der vierten Generation. Wer so trockene Weine mag, der kann bei uns blind einkaufen, was die Rebsorten angeht – ob das jetzt eine Scheurebe ist oder ein Gewürztraminer oder ein Bacchus. Die sind bei uns genauso trocken wie der Silvaner.

Das heißt, Sie haben da Ihre Nische gefunden und fahren konsequent diese Linie?

Genau. Wir sind ein kleiner Familienbetrieb und verkaufen an die Leute, die gerne durchgegorene Weine mögen. Und wenn es einem zu trocken ist, dann braucht er nur 50 Meter weiterzugehen. In Randersacker haben wir ein gutes Verhältnis zu den Kollegen, da ist kein Futterneid.

Im Frühjahr erwacht der Weinstock – wie stellt man in der Zeit die Weichen für ein erfolgreiches Jahr?

Ein wichtiger Arbeitsschritt ist das „Ausbrechen". 2017 hatten wir Frost im Weinberg am Marsberg im untersten Zug. Deshalb mussten wir erst mal ein bisschen warten, bis wir ausbrechen konnten.

Was ist bei Frost genau die Gefahr? Dass die empfindlichen Knospen, die Augen, erfrieren?

Wir hatten 2017 das Glück, dass die Rebe noch nicht so weit entwickelt war. Viele von den Knospen waren noch im Wollestadium oder sind gerade erst aufgegangen. Dadurch waren sie noch ein bisschen besser geschützt. Wir hatten in Randersacker Ende April bis zu fünfeinhalb Grad minus, mussten also erst mal noch eine Woche warten oder zwei. Erst dann konnten wir anfangen, in den Junganlagen Luft zu machen. Das heißt, man versucht, die Kraft zu bündeln, indem man alles, was überflüssig ist, wegnimmt, dann kann die Power in die verbleibenden Triebe gehen. Bei einer alten Anlage ist das nicht so dramatisch, weil die genug Reserven hat. In vielen Weinbergen schneiden wir nur auf eine Rebe an, und die zweite ist als Reserve da, falls die eine abbricht, beim Biegen oder wenn eben ein Frost kommt. Dadurch, dass sie höher steht, erfriert sie nicht so schnell. Die, die tiefer ist, ist anfälliger. Wenn dann wirklich ein Frost kommt, wird die Frostrebe niedergezogen, um möglichst viele Augen zu bekommen, die noch nicht frostgeschädigt sind, und den Ertrag zumindest ein bisschen zu sichern.

Und was sind dann in so einem frühen Stadium genau die Maßnahmen, die ergriffen werden sollen?

Wenn es ein normal gewachsener Stock ist, dann entfernen wir jeden zweiten Trieb oder alles, was zum Beispiel nach unten wächst, damit nur die schönen Triebe, die nach oben wachsen, übrig bleiben. Das kann man aber nur in einem normalen Jahr machen. Sonst lasse ich natürlich sogar den Trieb stehen, der nach unten kommt, und versuche den irgendwie wieder einzufädeln. In einem normalen Jahr schneiden wir beim Rebschnitt zu 90 Prozent nur fruchtbares Holz an. Auf dem fruchtbaren Holz bekommt normalerweise jeder Trieb, der wächst, zwei bis drei Trauben, das weiß man schon vorher. Deswegen kann man eigentlich auch schon durch, bevor die Triebe so groß sind, dass man Trauben sieht, und kann da Luft hineinbringen. In einem Frostjahr ist das alles ein bisschen anders, weil man teilweise auch Triebe hat, die zwar wachsen, aber keine Trauben dran haben. Wenn das Hauptauge geschädigt ist, kommen die Nebenaugen. Und bei denen weiß man nie so genau, was passiert, das kann ein schöner Trieb werden, aber er kann auch komplett ohne Trauben kommen. Im Herbst sieht man nicht mehr unbedingt, dass im Frühjahr Frost war. Oft sagen dann die Leute: „Guck, die Winzer, da beschweren sie sich wieder, ist doch alles grün." Der Laie erkennt nicht unbedingt gleich, dass da keine Trauben hängen und es keinen Ertrag gibt.

Die Weintrinker heute: Sind das die gleichen wie vor 20 Jahren, oder verändert sich die Zielgruppe?

Das hat sich alles ein bisschen geändert, früher war es eher so, dass die Leute ins Weingut gekommen sind, probiert und sich dann das Auto vollgeladen haben. Inzwischen läuft viel über das Internet, wird viel Wein verschickt. Und ich glaube, dass die Kunden insgesamt mehr durcheinandertrinken, weil einfach die Auswahl sehr groß ist. Heutzutage kauft der Kunde da mal zwölf Flaschen und da mal zwölf Flaschen. Man hat im Endeffekt zwar mehr Kunden als früher, aber der einzelne Kunde nimmt nicht mehr die hohen Stückzahlen mit. Und es wird bewusster getrunken. Das sieht man auch an den Weinfesten; vor 20, 30 Jahren ist teilweise die dreifache Menge ausgeschenkt worden. Das hängt wahrscheinlich auch damit zusammen, dass die Leute früher auch noch gefahren sind, wenn sie vielleicht schon einen Schoppen zu viel hatten …

Der Vegetationszyklus der Weinrebe gliedert sich in unterschiedliche Wachstums-, Reife- und Ruheperioden: Für die Triebe kann auf der nördlichen Hemisphäre eine etwaige Wachstums- und Reifephase von März bis Juli benannt werden, für die Wurzeln von Mitte April bis Juli sowie von Mitte Oktober bis Dezember und für die Beeren von Mitte Mai bis November, wobei Letzteres den Weg von der Blüte über den Fruchtansatz, die Reife und Färbung bis hin zur Lese miteinschließt. Nach der Lese beginnt auch die Ruhephase der Pflanze, ihre Blätter verfärben sich und fallen ab. Erst im Frühjahr beginnt der Vegetationszyklus wieder von Neuem mit dem Austrieb der Knospen.

DIE ENTWICKLUNG DER REBE

DIE KNOSPE

Bei einer durchschnittlichen Außentemperatur von etwa acht bis zehn Grad Celsius erwachen die Weinberge im Frühjahr offensichtlich zum Leben. Die sogenannten Augen, das heißt die Knospen, die beim Rebschnitt im Winter stehen gelassen wurden, öffnen sich. Man spricht in dieser Phase von ihrem „Austrieb", der sich schon einige Tage vorher durch kleine Wassertröpfchen an den „blutenden" Schnittstellen der Reben ankündigt. Aus den Knospen wachsen die blatt- oder fruchttragenden einjährigen Triebe, sie entfalten sich nach dem Austreiben schnell. Mit der Entwicklung von vier bis sechs Blättern ist die Pflanze fähig zur Photosynthese; bis zu diesem Zeitpunkt musste sie auf die im letzten Herbst angesammelten und im Holz gespeicherten Kohlenhydratvorräte zurückgreifen.

Zwischen Austrieb und Blüte vergehen je nach Rebsorte und klimatischen Bedingungen etwa 45 bis 90 Tage. In dieser Phase bilden sich neue Triebe und Rispen, das heißt verzweigte Blütenstände, die später die Blüten tragen.

DIE BLÜTE

Die für das Auge recht unscheinbare Weinblüte findet auf der Nordhalbkugel zwischen Mitte Mai und Ende Juli statt. Reben sind zwitterblütige Pflanzen, was bedeutet, dass jeder Blütenstand, jedes „Geschein", sowohl männliche als auch weibliche Blüten enthält. Die dadurch mögliche Selbstbefruchtung des Weins sollte in einer möglichst kurzen Phase stattfinden; Schlechtwetter mit Regen und starkem Wind kann nämlich zu einem „Verrieseln" der Blüte führen und die Bestäubung der weiblichen Fruchtknoten durch die männlichen Pollen verhindern, was mitunter zu enormen Ernteeinbrüchen führen kann.

DER FRUCHT-ANSATZ

Werden die Fruchtknoten bestäubt, bilden sich sofort nach der Weinblüte die ersten Beeren; nicht befruchtete Blüten verkümmern und fallen von den Rispen ab, wodurch diese unterschiedlich große Lücken aufweisen. Die anfangs kleinen Fruchtansätze, erkennbar als grüne, harte Kügelchen, wachsen sehr schnell. In dieser Entwicklungsphase müssen sich die Winzer vielfach mit chemischem oder biologischem Pflanzenschutz auseinandersetzen, ist die Rebe zu diesem Zeitpunkt doch besonders gefährdet für pflanzliche und tierische Schädlinge, beispielsweise den Echten und den Falschen Mehltau auf der einen oder den Heuwurm auf der anderen Seite.

Sobald die Beere einen gewissen Zuckergehalt erreicht hat, beginnt sie sich zu verfärben und wird allmählich weicher; nun setzt die für die Qualität alles entscheidende Reifephase ein. Dies geschieht, je nach Wetterlage, meistens im Juli und wird in der Fachsprache als „Véraison“ oder „in den Wein gehen“ bezeichnet. Die meisten Rotweinbeeren verfärben sich dabei in Richtung Rotblau, viele Weißweinsorten nehmen langsam einen gelblicheren, helleren Ton an. Allerdings verfärben sich nicht alle Beeren zur selben Zeit: Diejenigen, die auf der Schattenseite wachsen, weniger Licht und Wärme erhalten haben, bleiben vorerst grün. Bei stark tragenden Rebstöcken setzt die Véraison zudem im Normalfall später ein als bei wenig tragenden. Längst richtet sich der Lesezeitpunkt nicht mehr nur nach dem Zuckergehalt oder den „Oechslegraden“ der Beeren. Vielmehr ist heute die sogenannte „Physiologische Reife“ von Bedeutung. Wie schmeckt die Beere, hat der Geschmack schon die typischen „Primäraromen“ der Rebsorte, sind die Kerne schön braun eingefärbt und löst sich das Fruchtfleisch leicht ab? Um dies genau festzustellen, sind die Winzer kurz vor der Lese viel im Weinberg beim „Traubennaschen“ unterwegs.

DIE FÄRBUNG

DAS LESEGUT

Als „Lesegut“ werden die geernteten Trauben bezeichnet, die für die Weinherstellung bzw. die Weiterverarbeitung bestimmt sind. Sie können bei der Lese unterschiedliche Reifegrade haben; je nachdem, wie gut es der Wettergott im Herbst mit der Sonne meint, warten die Winzer den idealen Erntezeitpunkt ab. Dabei geht es auch darum, welche qualitative Stufe erreicht, welcher spätere Weintyp erzeugt werden soll – ein einfacher fruchtiger Wein für jeden Tag, ein „Großer Wein“ mit großem Reifepotenzial, der das Terroir widerspiegelt, oder eine edelsüße Spezialität, wie zum Beispiel eine Beerenauslese oder Trockenbeerenauslese. Beim Eiswein bedeutet dies unter Umständen das Warten auf frostige Tage unter 10 Grad minus bis Januar oder Februar des nächsten Jahres.

Je länger die Traube reift, umso höher wird ihr Mostgewicht, der Zuckeranteil, umso geringer der Säuregehalt. Hoher Zuckergehalt und eine hohe physiologische Reife bedeuten demgemäß, dass der daraus gewonnene Wein voller, extraktreicher und gehaltvoller wird. Da die Nächte im Oktober schon relativ kühl werden können, wird allerdings ein Teil des tagsüber gebildeten Zuckers in der Nacht wieder „veratmet“. Wenn sich Zuckerzuwächse und -verluste etwa die Waage halten, ist das Stadium der „Vollreife“ erreicht, das die Basis für „Spätlesen“ bildet.

WEINGUT CHRISTINE PRÖSTLER

Nachdem die Trauben aus den Familienweinbergen früher immer an eine Winzergenossenschaft abgeliefert wurden, entstand ab November 2011, am Ortseingang von Retzbach, 16 Kilometer nördlich von Würzburg gelegen, das eigene Weingut von Christine Pröstler, welches ihren Namen trägt und in dem sie seit dem Herbst 2012 die Weine selbst vinifiziert und vermarktet – mit Erfolg: DLG-Jungwinzerin 2013/2014, Bestnoten in den Weinführern Gault&Millau und Eichelmann und begeisterte Gesichter, wenn über CP-Weine gesprochen wird. Rund 7 Hektar Weinberge werden in Retzbach und Thüngersheim bewirtschaftet, hier wachsen neben den Klassikern Silvaner, Weiß- und Grauburgunder, Riesling, Bacchus und Müller-Thurgau auch Newcomer wie Sauvignon Blanc und Chardonnay. Domina, Schwarzriesling und Spätburgunder runden das Sortiment ab. Der Weißwein-Anteil beläuft sich auf 85 Prozent, der der roten Sorten auf 15 Prozent.

„DAS IST FÜR MICH DAHEIM, DAS IST BENEDIKTUSBERG, DAS IST MUSCHELKALK PUR."

Interview mit Christine Pröstler

Sie sind im Besitz von Weinbergen unterhalb des Benediktusbergs, der als Toplage gilt. Was macht diese Lage so besonders für Sie?

Der Benediktusberg beheimatet unsere besten Reben und ist geprägt durch seine Schaumkalkbänke des unteren Muschelkalks. Das wirkt sehr imposant und beeindruckend. Wir haben hier bis zu 70 Prozent Hangneigung bei reiner Süd-/ Südwestlage und den Main in direkter Nähe. Auf dem kargen Muschelkalkfelsen herrscht durch die Sonnenreflexion des Mains ein einmaliges Mikroklima, was sehr mineralische Weine entstehen lässt. Muschelkalkböden sind trotz des hohen Steinanteils sehr fruchtbar, die Wurzeln der Reben können in den Klüften des Gesteins tief wurzeln. Gerade dieser trockenunempfindliche und wärmespeichernde Muschelkalk eignet sich perfekt für Silvaner und Sorten der Burgunderfamilie, aus denen Weine mit viel Finesse, Frucht, Mineralität, Eleganz und Filigranität entstehen. Wir haben das große Glück, dass wir sowohl am Fuße des Benediktusbergs als auch auf dem oberen Hang des Bergs Weinberge haben. Gerade beim Wein ist die Verbindung zum Boden in Symbiose mit der Arbeit des Winzers von großer Bedeutung.

Ihr Credo lautet: Mainstream ist nicht genug. Was genau wollen Sie mit Ihren Weinen erreichen?

Wein bedeutet Leidenschaft und hartes Arbeiten. Man muss leben für das Produkt und man muss es lieben. Wir wollen nicht in der großen Masse mitschwimmen, sondern uns abheben. Meine Philosophie lautet ganz klar: Die Qualität eines Weines entsteht im Weinberg. Sorgfalt, akribisches Arbeiten, sich Jahr für Jahr an die gegebenen Witterungsbedingungen anpassen, seine Weinberge, seine Reben kennen. Wir möchten von vorne bis hinten mehr als hundert Prozent geben. Wir ernten alles von Hand. Vorlese und selektives Lesen steht bei uns an oberster Stelle, was durch mehrere Arbeitsgänge passiert. Dies geschieht, damit wir letztlich wirklich sagen können: Ja, jetzt passt es, jetzt ist der richtige Lesezeitpunkt, jetzt können wir das Beste aus dem Weinberg rausholen! Weinlese ist ja nur einmal im Jahr und da zählt es! Wir haben drei Weinlinien, angefangen mit unseren unkomplizierten Gutsweinen, die auch junge Leute ansprechen sollen, die Spaß machen, die Lust, Lebensfreude und Trinkgenuss vermitteln. Dann die Linie, bei der man sagt: Das ist mein Retzbach, was hier vinifiziert wird, ist Heimat, ist Muschelkalk, ist meine Leidenschaft, sind Silvaner, Rieslinge und Burgunder. Und vielleicht gelingt es mir ja tatsächlich, mit meinen „Retzbacher Weinen" unseren kleinen Ort bekannter zu machen! Unsere Top-Weinlinie besteht nur aus wenigen Weinen, unseren i-Tüpfelchen. Besondere Weine. Hochwertige und langlebige Weine. Benediktusberg pur, Muschelkalk pur. Terroir. Hier haben wir im Weinberg ganz besonders oft Hand angelegt, die Erträge minimiert, ausgelesen, ja, die Trauben fast schon gestreichelt. Sie sind spontan vergoren, im Edelstahl sowie auch im Holzfass. Im Keller gilt es, diesen Weinen Zeit zu lassen, filtriert werden sie kurz vor der Abfüllung. Ich möchte sie in die Flasche bringen, wie sie sind: puristisch, klar, einprägsam!

Welche Arbeitsschritte sind für Sie essenziell auf dem Weg zum perfekten Weingenuss, und welche Rolle spielt dabei der Pflanzenschutz?

Mit dem Pflanzenschutz sehe ich es so: so wenig wie möglich und so viel wie nötig! Wie das Wort schon sagt, möchten wir unsere Pflanzen, die Reben, in ihrer Entwicklung schützen. In trockenen, warmen Jahren läuft das generell ziemlich einfach ab, in feuchten, nassen und verregneten Jahren muss man besser aufpassen, man muss die Rebe sorgfältig beobachten und auf der Hut sein, um die Pflanze zum richtigen Zeitpunkt zu behandeln. Sie zu schützen – vor Krankheiten und vor Schädlingen. Da wir nur gesundes

Die frisch gewachsenen Triebe werden händisch in die Drahtanlage gesteckt, um eine geordnete Laubwand zu erhalten.

Traubenmaterial akzeptieren und ernten, müssen zusätzlich, oder besser gesagt schon vorsorglich, verschiedene qualitätssteigernde Laubarbeiten durchgeführt werden. Auch dies mindert ein Infektionsrisiko! Wenn man von Anfang an konsequent im Weinberg auf Qualität setzt, lassen sich Arbeiten wie das Ausbrechen, Entblättern und Traubenhalbieren nicht ersetzen. Dies passiert alles in Handarbeit. Das Ergebnis sollen gesunde, schön ausschauende Trauben sein, an die gut Luft hinkommt, sodass die Nässe nach einem Regen nicht in der Traube stehenbleibt. Zudem ist eine luftige, lockere Laubwand die beste Voraussetzung für gesunde Trauben! Wer seiner Arbeit im Weinberg gewissenhaft und konzentriert nachgeht, hat seine Reben so schon am meisten geschützt.

WEINGUT NEDER

Das Familienweingut Neder liegt in Ramsthal im nördlichsten Weinbaugebiet Frankens. Hier, im fränkischen Saaletal, wo seit 1122 Wein angebaut wird, übernahm Ewald Neder 1981 den Weinbaubetrieb mit einer Fläche von 4,5 Hektar von seinem Vater. 1991 entstand das Kellereigebäude des Weinguts, 2012 schließlich stieg sein Sohn Lorenz Neder nach seiner Ausbildung zum Winzer und dem Fachstudium in den Betrieb ein. Mittlerweile wird eine Rebfläche von rund 11 Hektar bewirtschaftet, und die kargen Muschelkalkböden in Ramsthal, Wirmsthal und Westheim bringen im Zusammenspiel mit der etwas kühleren Witterung „betont herbe" Weine hervor. Als Gründungsmitglied bei ETHOS setzt sich das Weingut Neder dafür ein, die fränkische Weinkulturlandschaft zu erhalten, umwelt- wie ressourcenschonenden Weinbau zu betreiben, die Biodiversität zu fördern, gesellschaftliche Verpflichtungen zu übernehmen und saubere, ehrliche, faire Weine mit Qualität zu erzeugen.

„DER UMWELT- UND RESSOURCEN-SCHUTZ PRÄGT BEI UNS NICHT NUR DEN WEINANBAU, SONDERN IST AUCH TEIL UNSERER TÄGLICHEN BETRIEBSABLÄUFE.“

Interview mit Lorenz Neder

Wir befinden uns hier an der nördlichen Grenze des fränkischen Weinlandes. Macht sich das im Wein bemerkbar?
Ja, wir finden, die Weine aus der Region gehen deutlich stärker in eine florale Richtung. Zudem wirken sie nicht so üppig, sondern etwas filigraner als die Weine aus der Kernregion des fränkischen Weinbaus.

Sie betreiben umwelt- und ressourcenschonenden Weinbau am Rande des Biosphärenreservates Rhön. Welche Maßnahmen ergreifen Sie, um nachhaltig Wein anzubauen?
Konkrete Maßnahmen sind zum Beispiel der Verzicht auf mineralische Stickstoffdünger und Herbizide. Blühende Begrünungspflanzen werden im Weinberg speziell eingesät, um Insekten einen Lebensraum zu bieten. Und Bodenbearbeitungen werden nach dem Prinzip der Bodenkonservierung durchgeführt. Um nur ein paar Beispiele zu nennen. Der Bereich Umwelt- und Ressourcenschutz prägt bei uns aber nicht nur den Weinanbau selbst, sondern ist auch Teil unserer täglichen Betriebsabläufe.

Wie schafft man Weine mit einem starken Charakter?
Durch moderate bzw. niedrige Erträge, gesundes Lesegut und eine gewisse Reifezeit im Keller. Viel mehr braucht es nicht. Klingt einfach, ist aber mit enormem Aufwand verbunden.

Das Weingut Neder ist ein klassischer Familienbetrieb. Ist das ein überholtes Geschäftsmodell?
Es ist kein Geschäftsmodell, sondern die Realität. Wir stehen selbst im Weinberg, im Keller, im Verkauf, wir kümmern uns ums Marketing usw. Natürlich haben wir auch tolle Unterstützung, ohne die es nicht möglich wäre, aber prinzipiell ist die Familie in alle Bereiche eingebunden.

WEINGUT BICKEL-STUMPF

Bei dem Familienweingut Bickel-Stumpf hat alles zwei spannende Seiten, angefangen mit dem Entschluss von Gründer und Gründerin, sich privat und beruflich zusammenzutun, bis hin zu der Doppelspitze ihrer Kinder Matthias und Melanie, die inzwischen die Geschicke des Betriebes lenken. Doch es sind nicht nur die Menschen, die mit jeweils eigenem Charakter für diese Zweiheit stehen – und für das, was sie verbindet –, es ist auch das Land. So entstand 1976 durch die Hochzeit von Carmen Bickel und Reimund Stumpf ein Weingut mit zwei ganz unterschiedlichen Terroirs: Die Rebfläche von etwa 15 Hektar verteilt sich auf die Orte Frickenhausen mit seinem Muschelkalk und der ersten Lage am Kapellenberg sowie auf Thüngersheim mit dem Buntsandstein und dem Johannisberg als beste Lage. Jede Traube trägt ihre Herkunft in sich – wen wundert es, dass sich das im ausgeprägten Charakter der Weine widerspiegelt?

„WIR GLAUBEN, DASS IN DIESEN BREITENGRADEN DIE BESTEN SILVANER WACHSEN, DIE ES AUF DER GANZEN WELT GIBT."

Interview mit Melanie Stumpf-Kröger

Wenn die Rebe auf Muschelkalk oder Buntsandstein wächst, wie wirkt sich das auf den Geschmack aus?
Wenn man im Weinberg und in der Weinbereitung sehr genau arbeitet, dann schmeckt man die Unterschiede: Die Weine, die auf Muschelkalk gewachsen sind, zeigen sich ein bisschen üppiger, ein bisschen cremiger und ein bisschen voller. Die Weine auf Buntsandstein sind schlanker, mineralischer, geradliniger.

Wie bewahrt man als Geschwisterpaar den Frieden im Weingut? Oder sehen Sie Konflikte und Auseinandersetzungen als positiven Motor für Ihre Arbeit?
Letzteres. Das war auch schon immer so. Eine intensive Streitkultur ist uns allen in die Wiege gelegt worden, aber sie ist am Ende auch die Grundlage unseres Erfolges.

Was betrifft das genau? Die Entscheidungen im Weinberg, das Marketing?
Bei uns ist die Aufgabenverteilung sehr klar, die Bereiche sind strikt getrennt. Die Kommunikation, der Vertrieb, die Geschäftsführung, die Stimme nach außen, das bin ich. Matthias ist die Produktion. Er macht die Weine, er ist die Seele und vor allem der Motor des Qualitätsstrebens. Insofern kommen wir uns da nicht so wirklich in die Quere. Aber in unserem Weingut besteht auch immer eine Konkurrenz oder ein offener Austausch zwischen Produktion und Vertrieb, und das ist oft Streitgegenstand. Angenommen, unsere Kunden würden einen feinfruchtigen Bacchus haben wollen, dann würde ich als Vertriebler sagen: „Cool! Machen wir!" Matthias würde sagen: „Oh Gott!

„EINE INTENSIVE STREITKULTUR IST UNS ALLEN IN DIE WIEGE GELEGT WORDEN, ABER SIE IST AM ENDE AUCH DIE GRUNDLAGE UNSERES ERFOLGES."

Kann ich nicht produzieren, ich hab so geile Silvaner-Weinberge, warum soll ich da jetzt einen Bacchus darauf pflanzen?" Hat er ja recht!

Aber gab es da in der Vergangenheit nicht auch ein paar Impulse, die dann das Vorgehen im Weinberg verändert haben?
Nein, das kam eigentlich aus der Produktion heraus. Wir haben unglaublich gute Silvaner-Lagen. Wir haben unsere Silvaner-Rebfläche auf fast 80 Prozent hochgefahren, also schon besonders hoch. Weil Matthias und ich einfach glauben, dass hier in diesen Breitengraden die besten Silvaner wachsen, die es auf der ganzen Welt gibt. Wenn man das genau herausarbeitet, dann werden die Unterschiede zwischen Muschelkalk und Buntsandstein spürbar. Wir haben das Glück, dass wir in eine Familie geboren wurden, die zwei verschiedene Terroirs hat und die diese zwei verschiedenen Terroirs auch erhalten hat. Unser Vater hätte in den 80er-Jahren locker sagen können: Ich hab keine Lust auf diese Pendelei! Ich verkaufe meine Lagen in Thüngersheim und investiere in Frickenhausen – oder umgekehrt. Hat er aber nicht, und jetzt sind wir sehr glücklich, diese beiden Terroirs ausbauen und die Unterschiedlichkeit zeigen zu können. Deshalb sind wir uns in der Sache einig: Es wird keinen feinfruchtigen Bacchus aus dem Hause Bickel-Stumpf mehr geben. Die Zeiten sind vorbei, das ist Geschichte! Das sind alles Punkte, an denen wir uns reiben, wo wir aber auch unsere Eltern überzeugen müssen. Denn sie sind ja Teil des Unternehmens. Jeder von uns besitzt 25 Prozent und deshalb sieht Bickel-Stumpf auch so aus, wie es gerade aussieht.

Was bedeutet das für Sie?
Ich habe hier 80.000 Flaschen zu verkaufen, das ist ein Mikroweingut. Ich kümmere mich darum, dass dieser Wein, der hier wächst, gut platziert ist in Deutschland und auf der Welt. Ich sorge dafür, dass die Weine, die mein Bruder produziert, die für mich einfach absolute Spitze sind und an denen wir immer weiter arbeiten, in das rechte Licht gerückt werden. Und zwar über den Wein an sich. Das ist wichtig! Wir wollen in die Tiefen des Weins einsteigen. Wir machen hochwertige Weine für „Advanced Trinker", sagen wir immer. Das sind Leute, die schon in das Silvaner-Thema eingestiegen sind oder Leute, die sehr rieslingaffin sind und jetzt das erste Mal an Silvaner herangeführt werden. Mit diesen Silvanern kann man sie wirklich begeistern. Es gibt ein wahnsinniges Alterungspotenzial beim Silvaner, das weiß kaum jemand! Wenn man mal so einen zehn Jahre alten Silvaner Großes Gewächs aufgemacht hast, dann muss man aber auch wissen, wie ein junger schmeckt. Man braucht Vorkenntnisse, um das alles auch wertschätzen zu können. Deshalb arbeiten wir in einem sehr kleinen Marktsegment.

Sie haben es vorhin angesprochen: 80 Prozent Silvaner, also ist das Ihre Hauptrebsorte. Welche Spezialitäten haben Sie außerdem?
Es gibt einen Weinberg, den wir 2007 angelegt haben: der „fränkische gemischte Satz". Den haben wir als Reminiszenz an die alten gemischten Sätze am Kapellenberg gepflanzt.

Woraus setzt sich der zusammen?
Der Kapellenberg wurde in den 70ern flurbereinigt. In dieser Zeit wurden viele Weinberge gerodet. Früher standen auf den Weinbergen jede Menge gemischte Sätze, Anfang/Mitte der 70er gab's vor allem an den Lagen entlang des Mains dann also keine gemischten Sätze mehr. Wir wollten wieder einen machen, aber wir wussten nicht: Was steht denn da eigentlich drinnen? Wir hatten das große Glück, dass meine Eltern, aber auch mein Bruder in Veitshöchheim zur Schule gegangen sind. Die Veitshöchheimer Landesanstalt ist Dreh- und Angelpunkt für die ganze Familie: Dort haben meine Eltern sich kennengelernt, Matthias hat da seine Ausbildung gemacht. Zusammen mit den Biologen an der Landesanstalt haben wir herausgefunden, was in so einem „fränkischen gemischten Satz" stand: Vor allem alte Klone von Riesling und Silvaner Muskateller, Elbling (rot und weiß), Gewürztraminer und Gutedel (rot und weiß). Der fränkische gemischte Satz ist für uns ein sehr edler Weinberg, eine Spielwiese. Etwas, das wir für uns neu aufbauen müssen. Mein Vater hat sehr wenig Erfahrung mit dem Keltern von gemischten Sätzen, weil er gerade in einer Zeit ausgebildet wurde, als diese einfach nicht relevant waren und es als unmodern galt. Meine Großeltern sind leider schon lange gestorben. Die hätten uns erzählen können, wie gekeltert wird. Man hat da eben auch ein hohes Risiko: Man muss die Entscheidung für den Lesezeitpunkt treffen, komme, was wolle, und hat nur einen Schuss! Und man kann jedes Jahr nur eine Erfahrung sammeln. Deshalb sind die Generationen in unseren Familien auch so wichtig! Mein Vater hat letztes Jahr seinen 50. Weinherbst erlebt. Es ist gut, wenn man so einen Erfahrungsschatz hat.

Euer Wein „Twenty Six": Was verbirgt sich dahinter?
Das ist eine Weißwein-Cuvée aus Riesling, Silvaner, Scheurebe und Traminer. Wir wollten einen Wein machen, der einfach gut schmeckt und ein bisschen robuster ist als beispielsweise ein Silvaner. Der gut zu asiatischen Gerichten passt, zu etwas schärferen Speisen oder auch zum Grillen. Der eine gute Schoppenqualität hat. Man soll auch mehr als ein Glas davon trinken können – das ist uns wichtig, dass man den Wein einen Abend lang trinken kann. Twenty Six ist ein Wein, der vor allem auch für Einsteiger gemacht ist. Natürlich hochwertig, die Trauben kommen ja auch aus unseren Weinbergen. Wir wollten mit dem Namen neugierig machen, so, dass die Leute probieren wollen. Deshalb haben wir gesagt, wir müssen auf unsere Cuvée etwas draufschreiben, das so gar nichts mit Wein zu tun hat, und weil es mein 26. Geburtstag war, haben wir 26 draufgemalt. Irgendwann haben die Leute dann auch Twenty Six bestellt.

Rebschere, Leseeimer, Weinkisten – neben den typischen Werkzeugen für die Stock- und Bodenpflege sowie die Ernte ist es wahrscheinlich der Refraktometer, den man unmittelbar mit dem Winzer-Handwerk in Verbindung bringt.
Dieser ist ein Instrument zur Messung des Mostgewichtes. Tröpfelt man etwas Beerensaft auf das Messprisma und hält den Refraktometer gegen das Licht, kann der geübte Betrachter am Grad der Lichtbrechung ablesen, wie konzentriert der Zuckergehalt des Beerensaftes ist, was für die Einschätzung der Qualität, der späteren kellerwirtschaftlichen Verarbeitung, der Stilistik des Weines und auch für die Feststellung des richtigen Lesezeitpunktes hilfreich ist. In Deutschland wird das Mostgewicht nach dem Erfinder der Messmethode, dem Pforzheimer Ferdinand Oechsle, in „Grad Oechsle" angegeben.
Dass Handschuhe, Sonnenhüte oder gutes Schuhwerk zur Grundausrüstung eines jeden Winzers gehören, mag eine Selbstverständlichkeit sein. Dennoch sollte man sich vor Augen führen, welchen extremen klimatischen und körperlichen Bedingungen auch die fränkischen Winzer das Jahr über während ihrer Arbeit ausgesetzt sind: Bei Frosttemperaturen im Winter stehen sie ebenso im Weinberg wie bei Höchstgraden im Sommer, mitunter bis zu vierzehn oder mehr Stunden am Tag, mitunter in Steillagen mit über 50 Prozent Steigung.

DAS WERKZEUG

Festes Schuhwerk

Hacke

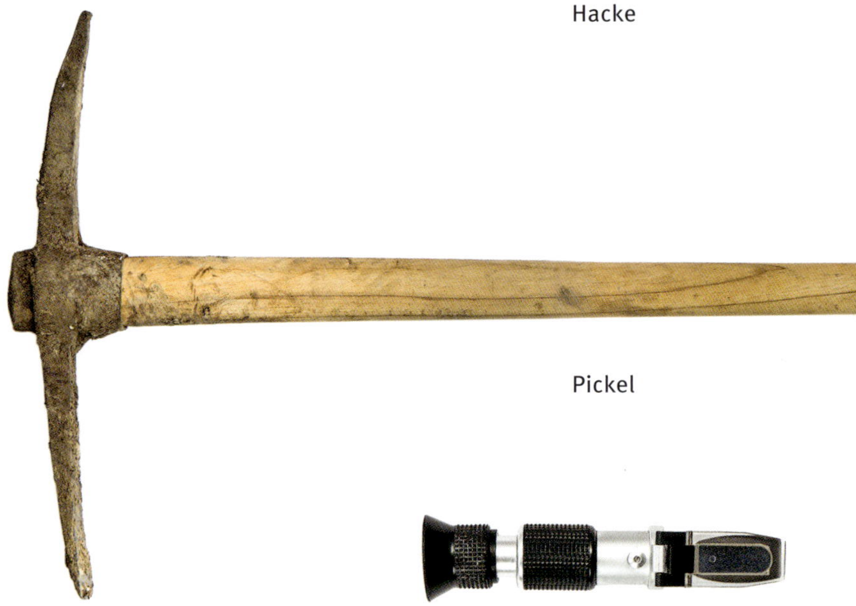

Pickel

Refraktometer

Leseeimer

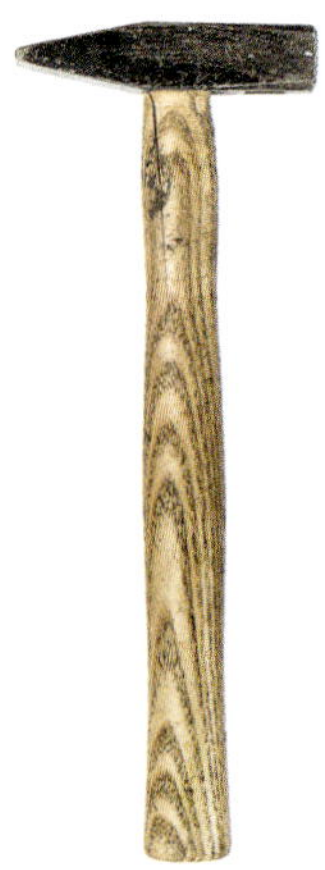

Hammer

Hippe (Messer)

Schleifstein

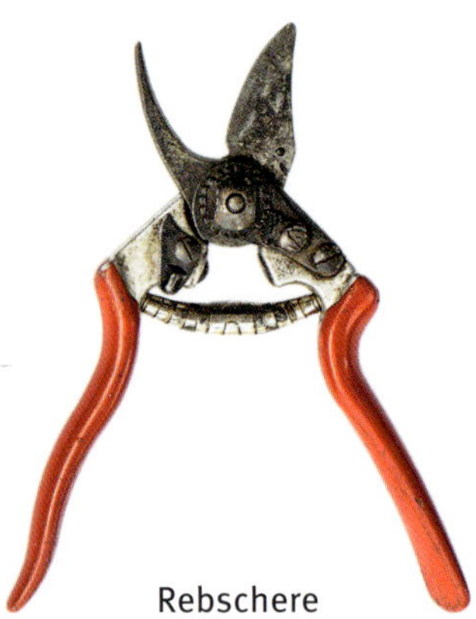

Rebschere

Pflanzzeichen

Heftdraht

Leseschere

Weinlaubschere

Sonnenhut

Weinkiste

Zange

Klammer, Drähte, Nägel

Schutzhandschuhe

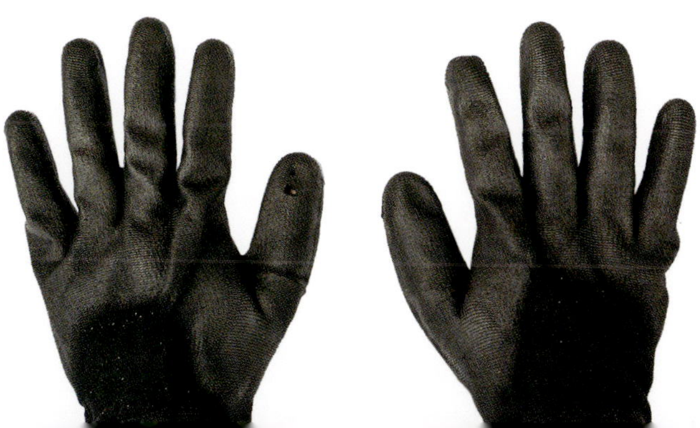

SOMMER

LAUBARBEITEN
TRAUBENENTWICKLUNG
LESEVORBEREITUNG

Zwischen Mitte Mai und Ende Juni ist die Zeit der Weinblüte, die je nach Witterung etwa zwischen fünf und zehn Tage andauert. In dieser kritischen Phase sollten die Reben möglichst nicht von kaltem, regnerischem Wetter gestört werden, um das „Verrieseln“ oder das Verblühen ohne Befruchtung zu verhindern. Bereits nach der Blüte greifen viele Winzer aber schon aktiv in die Reduzierung der Erntemenge und gleichzeitig gewünschte Maximierung der Qualität ein, indem sie schwachwüchsige Triebe entfernen. Während der sogenannten Grünen Lese ab Mitte August wird dies noch einmal durch das Entfernen ganzer Trauben oder gar das Teilen der Trauben verstärkt, sodass der Ertrag der mittlerweile etwa erbsengroßen, noch grünen Trauben minimiert wird, um die verbliebenen Früchte zu fördern. Im Sommer sind die Winzer auch vielfach mit Laubarbeiten beschäftigt: Vor allem das Ausdünnen des Laubes ist ein wichtiger Arbeitsschritt, der für einen gut belüfteten und gesunden Weinstock sorgt.

WEINGUT MAX MÜLLER I

Sie bezeichnen sich selbst als „Weinfreaks", haben sie sich doch ganz der Arbeit auf ihrem Weingut verschrieben – über die Generationen hinweg: Familie Müller. 18 Hektar bewirtschaften sie insgesamt in Volkach, Sommerach, Obereisenheim und Escherndorf, bedacht auf einen schonenden Umgang mit dem Ökosystem Weinberg. Ihre Lagenweine der Kategorie „Klassisches Franken" tragen die Namen des Volkacher Karthäuser, des Sommeracher Katzenkopfs und des Obereisenheimer Höll, für die Topweine der Linie „Großes Franken" selektieren sie Trauben aus ihren besten Lagen, sei es der Escherndorfer Lump oder der Volkacher Ratsherr, sei es der Silvaner Alte Reben oder der im Holzfass gereifte Silvaner Eigenart. Ihr entschiedenes Qualitätsstreben bleibt nicht unbemerkt und wurde 2017 unter anderem mit drei Trauben bei Gault&Millau, vier Sternen bei Eichelmann und der Auszeichnung für die beste Weißweinkollektion des Jahres honoriert.

Main. Silvaner. Rockt.

Der Silvaner Eigenart aus dem Holzfass: ein fränkischer Exot oder Klassiker?

Es war mal ein Exot, mittlerweile ist er eher ein Klassiker, weil Silvaner sich durchaus sehr gut mit dem Holzfass ergänzt. Das heißt, Silvaner muss nicht unbedingt nur in Stahl ausgebaut werden, sondern hat auch genug Power, um Holzfass zu schlucken.

Warum dann „Eigenart"?

Weil er komplett in neuen Holzfässern ausgebaut wird, eigentlich ein No-Go, untypisch. Deswegen auch der Name „Eigenart", weil man es so, wie ich es praktiziere, nicht tun sollte. Ich will damit die Ecken und Kanten des Silvaners ausloten. Er ist unglaublich vielschichtig. Je nachdem, wo er wächst,

Mithilfe des Laubschneiders werden die Blätter und Triebe gekappt, um für ausreichende Belüftung zu sorgen und um das Wachstum der Triebe zu regulieren.

auf welchem Boden, in welchem Klima, gibt es sehr große Unterschiede. Und wenn ich dann noch die Oxidation im Holzfass erlaube, gibt das den verschiedenen Facetten noch mal mehr Tiefe.

Im Vergleich zu anderen deutschen Weinregionen: Wo hat Franken die Nase vorn?

Ganz klar beim Silvaner, da halten wir den Ball sehr weit oben! Aber auch generell im Weißweinbereich sind wir ungemein vielfältig. Das liegt einmal an den Bodenformationen, hauptsächlich Keuper, Buntsandstein und Muschelkalk. Drei komplett unterschiedliche Gesteinsarten, die komplett unterschiedliche Weine erlauben. Und dann natürlich auch an den klimatischen Unterschieden. Franken, das sind eigentlich fast drei Anbaugebiete in einem.

Was ist der Stempel von Max Müller I?

Wir sind in der Findungsphase, aber versuchen den Silvaner – auch den Weißburgunder und den Riesling – aus unseren Lagen sprechen zu lassen. Wir sind dabei, wieder Weinmacher im Weinberg zu werden und einfach die Weinberge sprechen zu lassen.

Wie würde das perfekte Weinjahr aussehen?

Ich glaube, das gibt's nicht! Die schwierigen Jahre sind letztendlich die spannenderen. In den wirklich perfekten Jahren, in denen alles stimmt, ist der Wein vielleicht auch ein bisschen zu perfekt, zu rund, zu fruchtig, hat zu wenig Kanten, zu wenig Biss. Von daher mag ich eher die „schlechteren" und „kühleren".

Wie oft wird ein Weinstock pro Jahr besucht?

Das kommt ganz darauf an, was man draus machen will. Spricht man von seiner Großen Lage, dann besucht man ihn wöchentlich. Man nimmt die Blätter weg, vielleicht drei-, vier-, fünfmal. Wenn man seinen Weinberg mag, sollte man mindestens einmal die Woche vor Ort sein.

Ein Kommentar zum Arbeitsschritt „Laubschnitt mit der Maschine"?

Der Wein ist ein Lianengewächs. Das heißt, er klettert überall hoch und wird über zehn Meter hoch, wenn man ihn lässt. Von daher müssen wir die Rebe im Weinberg irgendwann einkürzen. Das heißt, die Triebe abbrechen, bevor sie umkippen und im Drahtrahmen umfallen. Deshalb schneiden wir sie einmal weg. Das passiert entweder händisch in der Steinlage oder mit der Maschine. Zweiteres ist natürlich viel einfacher, und da schaut man, so spät wie möglich anzufangen. Je früher man anschneidet, umso eher bekommt man Wachstum und Kraft in die Beere. Das zögern wir so lange wie möglich hinaus.

Welche Möglichkeiten hat man außerdem, das Wachstum und die Energie, die in die Beere fließt, zu beeinflussen?

Das ist im Endeffekt die Kunst des Winzers oder des Winzerdaseins: zu wissen, wie, weshalb, warum wächst mein Weinberg auf dem Boden so oder so. Die Schwierigkeit liegt auch darin, dass sich Weinberg A vielleicht komplett oder ziemlich wahrscheinlich sehr von Weinberg B unterscheidet, der vielleicht gerade mal 50 Meter Luftlinie entfernt ist. Von daher gibt's viele verschiedene Maßnahmen wie Begrünung, Bodenbearbeitung und Laubwandhöhe. Es fängt schon beim Pflanzen eines neuen Weinbergs an: Wie breit sind die Gassen, wie eng sind die Stöcke aneinander gepflanzt und wie viel Konkurrenz schaffe ich da? Wie viel Eigenbeschattung, welche Pflanzen säe ich ein, wie viele Blätter und Trauben nehme ich weg, halbiere ich sie, wie viele Triebe schneide ich an?

Warum sät man in den Zeilen verschiedene Pflanzen ein?

Das ist zum einen für den Fall, dass es sehr nass wird. Ich habe hierfür eine besonders artenreiche, nützlingsfördernde Begrünung. Zum anderen halten sich die Nährstoffe durch die eingesäte Begrünung über den Winter, sodass sie im nächsten Jahr wieder für die Rebe verfügbar sind.

Wie wirkt sich die Aussaat auf den Wasserhaushalt aus?

Was ich jetzt eingesät habe, ist eine sehr fette Begrünung, weil das Jahr von der Wasserversorgung her schon sehr, sehr gut war. Das heißt, es war ganz bewusst eine Kräuter-Pflanzen-Getreide-Mischung, um bei zu viel Wasser sehr viel Biomasse aufzubauen. Viel Grün schafft mir Wasserkonkurrenz zur Rebe. So kriegt die Rebe nicht ganz so viel Wasser, die Beeren werden nicht ganz so fett, drücken sich hoffentlich nicht ab und fangen auch nicht ganz so schnell an zu faulen.

„DIE SCHWIERIGEN WEINJAHRE SIND LETZTENDLICH DIE GEILEREN, DIE SPANNENDEREN."

Interview mit Christian Müller

WEINGUT JULIUSSPITAL

Mit etwa 180 Hektar Rebfläche ist das Weingut des Juliusspitals Würzburg nicht nur das größte Silvaner-Weingut der Welt, sondern auch eines der größten Weingüter Deutschlands. Die Jahresproduktion liegt bei 1.200.000 Flaschen, man liefert Weine in 26 Länder auf vier Kontinenten. Doch nicht nur durch die Größe von Fläche und Betrieb, die moderne Kellerei und der historische, 250 Meter lange Holzfasskeller beeindrucken: Seit Jahrhunderten ist das Juliusspital im Besitz von großen Lagen, und die Financial Times zählt es zu den hundert besten Weingütern der Welt. Seine Spitzenweine wachsen in den Top-Terroirs des fränkischen Anbaugebietes am Würzburger Stein, Randersackerer Pfülben, Iphöfer Julius-Echter-Berg, Rödelseer Küchenmeister und Escherndorfer Lump. Dabei dienen die Gewinne aus dem Weingut den sozialen Projekten der Stiftung Juliusspital, die vor über 430 Jahren gegründet wurde, viele gemeinnützige Einrichtungen betreibt und Menschen in Not unterstützt.

Juliusspital
WEINGUT. WÜRZBURG.
6 Bocksbeutel 500 ml
www.juliusspital.de
2016
Rieslaner Auslese
W.Nr. 1638-48

„WEG VON DER AUSTAUSCHBARKEIT, HIN ZU ETWAS GANZ INDIVIDUELLEM, ZU ETWAS EINZIGARTIGEM. DAS IST EIGENTLICH DER WEG.“

Interview mit Nicolas Frauer

Um die höchstmögliche Qualität zu erhalten, wird der Ertrag während der Grünen Lese am Weinstock auf wenige Trauben ausgedünnt. Im Vergleich zu den abgetrennten Trauben auf dem Bild links werden die verbliebenen Trauben halbiert. Dadurch werden sie lockerbeeriger, haben mehr Platz für ihr Wachstum und bleiben gesund.

Zweitgrößtes Weingut in Deutschland, größtes Silvaner-Weingut: Wie schaffen Sie es, Klasse statt Masse zu erzeugen?

Das ist eigentlich ein Managementthema. Man musst vorher ganz genau festlegen, was man wo produzieren will. Außerdem ist es so, dass wir ganz klare Zuständigkeiten haben. Wir haben unsere Weinbergsmeister. In Würzburg ist es Peter Rudloff zusammen mit Josef Schmitt, in Iphofen sind es zum Beispiel Thomas Hufnagel und Lothar Flößer. Sie sind zuständig für ihre Bereiche und wissen ganz genau: Auch die Abstimmung mit dem Keller ist sehr, sehr wichtig. Wir müssen unsere Rebsorte ganz exakt kennen, wir müssen wissen, wo sie ihre Eigenheiten hat, da ist sehr viel Know-how gefragt. Und dann ist es natürlich auch wichtig, dass wir unsere Parzellen genau kennen.

Machen Sie da einen richtigen Logistikplan vorab, wie was laufen muss? Bei über 170 Hektar muss das ja wahrscheinlich genau festgelegt sein?

Es gibt für jede Parzelle einen genauen Plan: Wo wandert die hin? Ist die erste Lage tauglich? Ist die im Ortswein-Bereich anzusiedeln oder ist sie im Gutswein-Bereich anzusiedeln? Was hat sie für ein Qualitätspotenzial? Oder ist es eine absolute Top-Parzelle? Dann ist sie Großes-Gewächs-tauglich. Wir denken in Qualitätsstufen für den späteren Wein. Nicht nur alle Weinberge sind nach ihrem Potenzial klassifiziert, im Juliusspital wird auch jede einzelne Parzelle bewertet. Die Hierarchie folgt der VDP-Klassifikation: Von der Spitze zur Basis – VDP.GROSSE LAGE, VDP.ERSTE LAGE, VDP.ORTSWEIN und VDP.GUTSWEIN. So gehen wir an die Sache ran. Und das natürlich schon weit vor dem Herbst. Dann wird eigentlich nur noch entschieden – und das ist tatsächlich ad hoc: Wann lesen wir was? Das können wir natürlich vorher nicht sagen. Das heißt, da müssen wir sehr, sehr spontan sein. Da muss ich dann wirklich sagen: Okay, heute ist die Parzelle so und so lesereif. Dafür muss ich ständig meine Parzellen im Blick haben und abfahren. Und dementsprechend kann ich dann auch die Trauben voll auf den Punkt lesen. Denn diese Auf-den-Punkt-Reife, die ist extrem wichtig.

Wie transformiert sich ein geschichtsträchtiges Haus in die Neuzeit? Wie bekommen Sie das mit der Weinstilistik hin? Sie gehen ja schon auch einen modernen Weg.

Ich denke, es ist wichtig, dass man am Puls bleibt. Das heißt, dass man mitbekommt, was draußen in der Welt für Weine gemacht werden. Mir ist es auch sehr wichtig, dass ich mich da sehr breit aufstelle, was die Referenzen angeht. Das heißt, ich versuche wirklich auch die großen Weine der Welt auf den Gaumen zu kriegen. Das ist für mich entscheidend. Und dann ist es natürlich wichtig, dass man sich ständig selber weiterentwickelt. Dass man nie irgendwo stehen bleibt, sondern dass man immer noch mal versucht, diese Stilistik,

„WIR WOLLEN KEINE WEINE MACHEN, ÜBER DIE MAN EINEN ABEND LANG REDEN MUSS, OHNE DASS MAN DAS GLAS LEER BEKOMMT."

die irgendwo ein Haus ausmacht – und die haben wir, so eine eigene, individuelle Stilistik –, dass man die weiterentwickelt und perfektioniert. Ohne sich dann ständig selbst komplett zu hinterfragen. Da geht es darum: Was macht uns aus und wie kriegen wir das Ganze noch mal auf ein besseres Level gehievt? Man erfindet in der Weinwelt nichts neu. Es war alles schon mal da. Teilweise ist das tatsächlich auch back to the roots. Also dieses: „Ich halte mich zurück. Ich mach nichts. Ich lass den Wein sich einfach entwickeln. Ich guck, dass ich perfekte Trauben kriege. Perfekte Weinbergsarbeit mache. Dann muss ich eigentlich im Keller auch nicht mehr eingreifen." Und da sind wir teilweise sicherlich einen Schritt zurückgegangen. Da gehört Holzfasseinsatz dazu. Da gehört Spontangärung dazu. Da gehört teilweise auch wieder malolaktische Gärung dazu, was ganz lange im Weißweinbereich komplett verpönt war. Aber man hat sich da eben auch weiterentwickelt. Wir haben Wege gefunden, wie wir verhindern, dass wir in unserer Weinstilistik breit werden, dass wir zu ausladend werden, und trotzdem Feinheit haben. Und das sind für mich Grundwerte beim Wein: Feinheit, Eleganz, Zeitlosigkeit. Weg von der Austauschbarkeit, hin zu etwas ganz Individuellem, zu etwas Einzigartigem. Das ist eigentlich der Weg. Und das sind Grundmaximen, die man im Kopf hat. Und dann ist für uns ganz entscheidend: Trinkfluss. Wir wollen keine Weine machen, über die man einen Abend lang reden muss, ohne dass man das Glas leer bekommt. Im Gegenteil, wir wollen Weine, die man einfach auch mal trinkt, ohne darüber zu reden. Und mit Spaß. Das ist für uns extrem wichtig.

Nachdem das Juliusspital das größte Silvaner-Weingut in Deutschland ist, wäre es schön, wenn Sie drei Adjektive für den fränkischen Silvaner finden könnten. Was macht ihn aus?

Für mich ist es ein druckvoller Wein am Gaumen. Saftig. Mit viel Länge. Nachhaltig. Auch wirklich zeitlos. Das ist ein Wein, der im besten Sinne traditionell ist, im positiven Sinne.

Früher ging es im Weinbau auf Masse. Jetzt geht es wieder zurück zum sanften Rebschnitt und zur Traubenreduktion. Wie verändert sich da die Philosophie im Weinberg? Wie muss man die Leute da vielleicht auch mitnehmen und schulen?

Für uns ist das Team sehr, sehr wichtig. Wir sprechen immer vom „Team J", das heißt, wir wollen jeden mitnehmen auf die Reise zum möglichst guten Produkt. Da geht es ja auch nicht drum, ob das Gutswein ist oder Großes Gewächs, sondern wir wollen einfach immer das optimale Produkt. Und da hat uns zum Beispiel diese Sanfte-Rebschnitt-Methode, bei der wir dann auch externe Coaches haben, geholfen, a) das Team noch mehr zusammenzuschweißen, und b) die Rebe noch mit reinzunehmen, zu sagen: Hey, die Rebe müssen wir auch stärker individuell betrachten. Und nicht: Wir ziehen unseren Rebschnitt durch, und jede Rebe gleich, und zack, zehn Augen und fertig, sondern zu schauen: Wie sieht denn die Rebe eigentlich aus? Wie viel Power hat sie denn eigentlich? Hat sie dünnere Triebe? Hat sie dickere Triebe? Hat sie mehr Wuchs? Hat sie weniger Wuchs? Seitdem haben wir eine individuellere Herangehensweise an jeden einzelnen Stock. Das heißt, jeder Mitarbeiter wird geschult, sich die Rebstöcke genau anzugucken. Und das ist ein ganz fundamentaler Punkt. Da ist der sanfte Rebschnitt an sich nur ein Teil des Ganzen. Das ist extrem positiv für uns gewesen, um da einfach noch mehr Qualität rauzukriegen. Wie wir Menschen eben auch eine unterschiedliche Leistungsfähigkeit haben, so darf man auch unsere Rebstöcke nicht überfordern, darf sie aber auch nicht unterfordern. Wenn man einen starken Rebstock unterfordert, dann wird er irgendwann ausbrechen. Wenn ich jemandem, der 50 Kilo schwer ist, dann noch 50 Kilo auf den Rücken gebe, dann bricht der zusammen. Es sind einfach große Unterschiede zwischen den einzelnen Rebstöcken da, und die muss man ins Kalkül nehmen, das war für uns ein Riesenschritt. Natürlich müssen wir geringere Erntemengen dann auch anders managen, als es früher der Fall war. Das heißt, wir müssen unsere Rebstöcke ein bisschen im Wuchs korrigieren. Die brauchen eigentlich seit 15 Jahren keinen Dünger mehr, es gibt nur Humusgaben, weil das, was mit Dauerbegrünung an Grünmasse unterm Stock da ist, völlig ausreicht, um die Stöcke zu versorgen.

Durch die weite geografische Verteilung der Lagen und die unterschiedlichen Böden besteht eine Vielfalt an Möglichkeiten. Wie arbeitet man das im Keller aus? Wie kriegt man diese Stilistiken raus?

Für uns ist es wichtig, dass wir uns im Keller zurückhalten. Dass wir wirklich die Weinberge sprechen lassen. Das heißt, es gibt keine Aromahilfen, es gibt keine übertriebenen Eingriffe. Wir wollen, dass die Böden, die ja ihre Eigenheiten speziell beim Silvaner unheimlich stark zeigen, sich darin widerspiegeln. Das heißt, wir werden nie mit irgendwelchen Vinifikationsmethoden ins Extrem gehen. Wir brauchen keinen Orange Wine. Wir brauchen keine kalte Gärung. Wir sind da relativ zurückhaltend, relativ entspannt unterwegs, um eben einfach diese Terroir-Diversität einfach auszustellen. Da sind wir auch einen Schritt zurückgegangen im Vergleich zu den späten Neunzigern und Zweitausenderjahren, wo man die Weine teilweise auch noch mit Barrique parfümiert hat. Jetzt ist Holzeinsatz ein Thema, aber es ist eben ein zurückhaltender Holzeinsatz, der eigentlich eher das Terroir noch mal stärker pushen soll. Und wenn man sich da zurückhält und es nicht übertreibt, dann bin ich schon der Meinung, dass man sehr, sehr gut diese Eigenheiten der Böden von Keuper zu Muschelkalk, auch von Würzburger Stein zu Abtsleite zeigen kann. Kontrolliertes Nichtstun. Leider Gottes macht das mehr Arbeit als alles andere.

WEINGUT HILLABRAND

Seit Generationen betreibt die Familie Hillabrand nun bereits Weinbau, die Gründung des Betriebs fällt in das Jahr 1929. Die neun Hektar umfassenden Weinberge des Familienweinguts liegen an Fuß und Hängen des Steigerwaldes, etwa ein Drittel davon wird in Steillage bewirtschaftet, was zum überwiegenden Teil Handarbeit bedeutet. Alle Hillabrand-Weine entstammen den Lagen Hüttenheimer Tannenberg und Bullenheimer Paradies, hier werden Silvaner, Müller-Thurgau, Bacchus, Riesling, Weißer Burgunder, Dornfelder, Regent, Spätburgunder und Domina angebaut. Das Hauptaugenmerk und besondere Engagement von Markus Hillabrand jedoch, der 2006 die Verantwortung für die Erzeugung der Weine übernahm, gilt der Scheurebe vom steilen Südhang und den Alten Reben. Die Weine des Gutes wurden mehrfach ausgezeichnet, unter anderem bei der Fränkischen Weinprämierung, aber auch bei der International Wine Challenge AWC Vienna.

„ICH BIN DER ÜBERZEUGUNG, DASS EINE SCHEUREBE ZU HUNDERT PROZENT AUF DEN KEUPER PASST."

Interview mit Markus Hillabrand

Was macht für Sie die perfekte Scheurebe aus?
Die gibt's nicht perfekt. Ich probiere aber, dass sie jedes Jahr ein bisschen feiner und eleganter ist. Dieses Jahr bin ich von der Stilistik da, wo ich eigentlich hin will. Früher hat man gesagt: Scheurebe – süß, fruchtig, das war's. Gott sei Dank wird sie jetzt bei den großen Weingütern überwiegend trocken ausgebaut. Auch bei uns. Eine Scheu schmeckt nicht nur nach Grapefruit. Die Nuancen hat sie, ganz klar, aber man bekommt auch feine Cassis- und Holundernoten mit rein. Die Frucht und das Aroma kommen bei der Scheu, zumindest bei unserer und bei einer Scheurebe vom Keuperboden generell, von alleine. Sie ist auf Langlebigkeit ausgelegt. Ich will keine Scheu haben, die nach einem Jahr abbaut, sondern eine, die noch nach drei bis vier Jahren richtig gut schmeckt und nach einem Jahr noch besser wird als am Anfang.

Was sind die wichtigsten Schritte, damit Sie Ihre Vorhaben umsetzen können?
Konsequent im Weinberg agieren! Das Hauptaugenmerk liegt draußen, vom Anfang der Vegetation bis zur Weinlese. Hier darf man nicht schludern oder etwas versäumen. Danach kann man nur noch ein bisschen Kosmetik betreiben. Also: konsequente Entblätterung, „Laubwandmanagement" nennt man das ja heute. Dann darauf achten, dass die Anlage homogen ist, nicht überdüngt, nicht zu wüchsig, nicht zu mager, also einfach im Gleichgewicht. Wie wir's bei den Alten Reben haben, bei denen von sich aus der Wuchs reguliert ist und die Fäulnis eben nicht mehr so präsent ist wie bei jungen Anlagen. Und daran dann mit den Kellerei-Spielereien und Standzeiten, mit der Hefeauswahl – also nicht mit Aromahefen, sondern mit klassischen Elementen – noch etwas feilen. Man strebt eine gezügelte Gärung im normalen Temperaturbereich bei 16 bis 18 Grad an. Unsere Scheu kommt ins Edelstahlfass. Auch hier wird experimentiert, ich bin aber bei Fruchtaromasorten absolut für den Edelstahltank. Gerade die Säure, die die Scheu hat, und das feine CO_2, das sich dann bildet – das muss eine gute Scheu eigentlich haben. Und beim Holzfass geht das halt ein bisschen verloren. Das passt wirklich eher in die cremige Weinstilistik wie Silvaner und Burgunder.

Was ist Ihr Steckenpferd? Für welche Sorten stehen Sie?
Mit Sicherheit erst mal für die Scheu. Wir haben heuer wieder neue Weinberge im Reusch und in Bullenheim angelegt, damit man auch hier etwas mit verschiedenen Stilistiken variieren kann. Meine Alten Reben sind von 1972, also 45 Jahre alt, und der Hüttenheimer Tannenberg ist im siebten Jahr. Aber es ist nicht nur die Scheu, wofür ich stehe. Wo ich jetzt richtig Gas geben will, ist der Riesling. Wir haben dafür eine Toplage und mit dem Tannenberg einen super Weinberg, den viel zu wenige Leute kennen. Auch der „Müller" steht bei mir weit oben; leider ist er immer noch verrufen, und es ist schwer, davon wegzukommen. Dabei haben wir auch vom Müller Alte Reben von 1968. Seitdem ich konsequent auf weniger Ertrag setze, gibt es wieder mehr Kunden bei uns, die Müller-Thurgau trinken. Auch das sind Weine, die man nicht nach einem Jahr wegkippen muss, sondern die danach immer noch Spaß machen.

Sie sind mit zwei weiteren Winzern in der „Keuper Connection" vereint. Was machen Sie in der Connection? Was sind Ihre Ziele?
Zuerst einmal bin ich froh, das zusammen mit den zwei Kollegen zu machen. Es ist interessant, auch mal was auszuprobieren und zu experimentieren. Natürlich ist es auch eine finanzielle Geschichte, alleine hast du viel mehr Risiko. In dieser Zusammensetzung können

wir uns besser präsentieren, zum Beispiel auf Messen und Veranstaltungen. Wir wollen so den Wein vom Keuperboden stärker bewerben und präsentieren. In diesem Zusammenhang gibt es jetzt ein Projekt, das von der LWG (Bayerische Landesanstalt für Weinbau und Gartenbau) begleitet wird: Wir machen einen Silvanerwein in einer verbuddelten Amphore. Da bringen wir dann im Herbst unsere Silvanertrauben vollreif und mit möglichst an die 100 Oechsle in die Amphore. Dann wird das Ganze eingemaischt und in Maische vergoren zum Kvevri-Wein, benannt nach der Amphore. Der Wein sollte dann auch möglichst schwefelfrei und unfiltriert abgefüllt werden.

Warum macht man das mit der eingebuddelten Amphore?
Das ist der Urtyp des Weins. In Georgien machen sie das immer noch so, und das schon seit Tausenden von Jahren. Wir wollen mit diesem Projekt einfach wieder zurück zu den Wurzeln. So können wir bei Weinproben oder wenn Experten da sind, einfach mal etwas anderes präsentieren. Für einen „normalen" Kunden ist der Wein schwierig. Da trinkst du auch keine Flasche, sondern vielleicht ein Achtele, um mal in eine andere Welt einzutauchen.

In Bezug auf Rebsorte und Boden: Was ist da für Sie die perfekte Kombination? Und bei welchem Wein wirkt sich das am stärksten aus?
Den ausschlaggebenden Einfluss nimmt immer der Winzer. Es gibt Winzer, die nichts in den Weinbergen machen, dann spielt der Boden auch keine

Rolle. Aber wenn ich einen Topwinzer habe, dann sind es wirklich wieder Nuancen, die er mit den Böden herausarbeitet. Ich bin der Überzeugung, dass eine Scheurebe zu hundert Prozent auf den Keuper passt. Besser als auf einen sandhaltigen Boden, auf Buntsandstein oder Muschelkalk. Beim Silvaner und Burgunder sind die anderen Böden feiner, eleganter und facettenreicher.

Sie haben alle Ihre Reben auf Keuper stehen. Was zeichnet die Keuperböden für Sie aus? Und was wollen Sie bei Ihren Weinen herausarbeiten?
Es geht für mich nur dann, wenn man die Weine trocken ausbaut. Das sind richtig ehrliche Weine, die wir machen, da schmeckst du dann auch so was wie den Boden. Beim Silvaner kann man dann Nuancen wie frisches Heu und an sich eine Mineralität schmecken. Wenn ich den Wein aber mit Süße zuklatsche, dann braucht man nicht von Terroir und Boden zu reden. Vor allem kann man einen Wein aber nicht nach einem Geschmacksbild herstellen. Man kann also nicht sagen: Wie schmeckt der Keuper? Es sind immer viele Facetten, und bei den fränkisch trockenen Weinen mit Standzeiten, wo man einfach noch einen kleinen Kick, eine Würze, hintendran hat, da nimmt man dann doch die kleinen Unterschiede wahr, die der Keuper bewirkt. Das merkt man besonders beim Müller Alte Reben: extrem würzig hinten raus und sogar etwas muskatig. Aber das bekommt man eben nur hin, wenn man wenig Ertrag hat oder längere Standzeiten einführt.

WEINGUT WILHELM ARNOLD

Das Weingut Arnold ist ein in Randersacker beheimateter Betrieb mit langer Tradition – bereits seit 1673 widmet man sich hier dem Weinbau. Gegenwärtig werden etwa 11 Hektar Reben auf Muschelkalkböden bewirtschaftet: In den besten Lagen des Pfülben, Sonnenstuhl und Marsberg wachsen – begünstigt vom Klima des Maintals – an Steilhängen herausragende Weine. Traditionelle Rebsorten wie Silvaner, Riesling und Burgunder, aber auch seltenere Reben wie Würzer, Blauer Silvaner, Kerner und Rieslaner werden im Weingut kultiviert und gepflegt. Schon zwei Generationen zuvor hatte Großvater und Namensgeber Wilhelm Arnold ein hohes Qualitätsbewusstsein bewiesen und sich mit weiteren Spitzenweingütern zum „Verband Fränkischer Weingüter und Selbstvermarkter" zusammengeschlossen. Daraus ging in der Folge der „Verband deutscher Prädikatsweingüter (VDP)" hervor, dessen 200 renommierte Mitglieder aus allen Weinbauregionen Deutschlands die strengsten Qualitätskriterien erfüllen und für unverfälschten Weingenuss stehen.

„TRADITION VERPFLICHTET: LANGLEBIGKEIT STATT KURZFRISTIGER AKTIONEN."

Interview mit Bruno Arnold

Was sind Aufgaben, die man vor der Lese erledigt? Wie bereitet man den Keller vor?
Es erfolgt eine Art Grundreinigung, bei der vor der Ernte nochmals alle Geräte und Maschinen, die mit den Trauben in Kontakt kommen und für den Ausbau im Keller notwendig sind, gründlich gesäubert werden. Im Prinzip wird alles mit Wasser und Spülmittel gereinigt und gebürstet, scharfe chemische Mittel sind hier nicht notwendig. Vor allem müssen die Weinsteinreste von den Tanks entfernt werden. Weinsäure bildet in Verbindung mit Kalium den Weinstein. Bei den kleineren Gebinden kann man ihn mit Dampf lösen, der Weinstein platzt aufgrund der unterschiedlichen Ausdehnung ab, löst sich und fällt dann einfach runter. Er findet dann zum Beispiel in der Kosmetikindustrie Verwendung oder wird als Kompost wieder raus in den Weinberg gebracht. Im größeren Fass kann man auch Lauge verwenden: Die Säure neutralisiert sich mit der Lauge, somit wird der Weinstein dann aufgelöst.

Was sind die wichtigsten Prinzipien Ihrer Arbeit?
Ohne gute Trauben kann nie ein guter Wein entstehen. Das ist für mich das oberste Gebot. Ansonsten Sauberkeit und Hygiene im Weinberg und im Keller! Mit Sauberkeit im Weinberg meine ich, dass wir keine faulen, sondern nur reife, gesunde Trauben ernten, mit denen man später im Keller eine gelungene Gärung durchführt, so, dass wir dann einen typischen, sortenreinen Wein bekommen, dessen feine Fruchtaromen auch die Rebsorte widerspiegeln.

„OHNE GUTE TRAUBEN KANN NIE EIN GUTER WEIN ENTSTEHEN."

Sie haben die recht seltene Rebsorte Würzer in Ihrem Weingut wieder kultiviert. Was ist das Besondere an dieser Rebsorte und was war die Motivation dafür?

Für den Würzer hab ich ein Faible, die Rebe hatte schon mein Vater 1974 im Randersackerer Marsberg angepflanzt. 2003 ist dieser Weinberg dann gerodet worden. Ich bin ein Traminer-Fan und für mich ist der Würzer eigentlich der interessantere Gewürztraminer. Und zwar einfach aus dem Grund, weil diese Rebzüchtung die guten Eigenschaften der Eltern vereint. Vom Vater – dem Gewürztraminer – die Aromatik und von der Mutter – dem Müller-Thurgau – die Lebendigkeit und Frische. Diese Eigenschaften und die Fruchtausprägung gefallen mir einfach richtig gut. 2007 haben wir die Rebsorte dann wieder neu angepflanzt und die Entscheidung nicht bereut – auch wenn die Würzerreben sehr empfindlich und anspruchsvoll im Anbau sind und die Trauben im wahrsten Sinne des Wortes „handverlesen" werden – der Wein hat viele Freunde gefunden.

Genauer gefragt: Was sind die Gründe für die Wiederbelebung – Erhaltung der Sortenvielfalt oder Alleinstellungsmerkmal?

Mir geht es besonders um die Erhaltung der Sortenvielfalt in unserem Weingut. Der Silvaner steht natürlich für die Weinbauregion Franken, es ist ein wunderbarer Wein, vielschichtig und komplex, auch ein idealer Essensbegleiter. Doch es gibt einfach verschiedene Anlässe, um unterschiedliche Weine zu trinken. Und da passt für mich halt einfach auch ein Würzer super ins Sortiment – als Begleiter zu asiatischen Speisen, auch für kräftige, aromatische Käsesorten oder einfach solo ein Gläschen zum Genießen. Das ist für mich jetzt aber kein Wein, um mehrere Schoppen am Abend zu trinken. Dafür ist er dann wieder zu aromatisch.

Ihr Weingut baut auf eine über 340 Jahre alte Tradition auf. Inwieweit prägt das Ihre Arbeit?

Tradition verpflichtet, Eigentum verpflichtet. In der Randersackerer Chronik war von „ewigem Lehen“ die Rede, also von Weinbergen, die „auf ewig geliehen“ sind. So sehe ich das auch, die Natur, unsere Lebensgrundlage, ist uns nur geliehen. So sollen auch unsere Weinberge, von denen wir jetzt leben, wieder an die nächste Generation weitergeben werden. Wenn man so einen Betrieb hat, der 1673 von den Vorfahren gegründet wurde, steht auch eine gewisse Verantwortung dahinter, sorgsam damit umzugehen und Grund und Boden zu erhalten. Der Boden des Weinbergs ist unser Kapital und er ist auch das Wichtigste für den Winzer – einfach die Grundlage von allem. Ihn müssen wir nachhaltig und im Einklang mit der Natur bewirtschaften, mit einer guten Biodiversität vielfältig und gesund erhalten, und die Reben darauf hegen und pflegen, so, dass wir am Ende einen guten Wein bekommen. Um den Weinberg, den wir von unseren Eltern und Großeltern bekommen haben, dann wieder an die nächste Generation weitergeben zu können. Also müssen wir langfristig planen, denn eine Rebanlage soll ja auch mindestens 30 bis 40 Jahre stehen, wir haben sogar über 50 Jahre alte Weinberge. Es zählt also Langlebigkeit statt kurzfristiger Aktionen.

Die Flaschenabfüllung – was ist das für ein Moment?

Das ist definitiv ein ganz besonderer Moment. Das ist die Vollendung der Arbeit, die man das ganze Jahr über gemacht hat. Wenn ich sage: das ganze Jahr, dann meine ich das Weinjahr, und dieses beginnt mit dem Rebschnitt im Winter, geht weiter mit Laubarbeiten, Hege und Pflege der Trauben, der Weinlese – und dann kommt noch die eigentliche Kellerarbeit, die Kontrolle und Überwachung der Weinwerdung. Manche langlebige Weine wie zum Beispiel die Großen Gewächse reifen ja oft ein Jahr oder noch länger im Fass und entwickeln sich dann hoffentlich so, wie es im Prinzip schon im Weinberg draußen meine Wunschvorstellung war. Das ist immer das Ziel: im Weinberg auf das fertige Produkt hinarbeiten. Und wenn das dann geklappt hat, wenn man den Wein so auf die Flasche bringen kann, dann ist das schon ein super Moment.

Der Wein ist eine Schlingpflanze, die ursprünglich, das heißt vor ihrer Nutzung durch den Menschen, an Bäumen hochkletterte (Vitis silvestris = Waldrebe). Taxonomisch wird die Pflanze der Subklasse der Rosenpflanzen (Rosidae), der Ordnung der Weinrebenartigen (Vitales), der Familie der Rebengewächse (Vitaceae) und der Gattung der Weinreben (Vitis) zugeordnet. Die Pflanzen können prinzipiell sehr stark wachsen und unter normaler Nutzung durchaus bis zu 60 Jahre alt werden. Ihre Fruchtbarkeit – der erste Ertrag stellt sich im dritten Jahr ein – lässt allerdings ab dem 30. Standjahr deutlich nach.
Der „Reb-" oder „Weinstock" ist die kultivierte Wuchsform der Weinrebe (Vitis vinifera = Rebe zur Weinbereitung). Seine Anordnung im Weinberg in Form von Rebzeilen dient der möglichst praktikablen und somit kostengünstigen Bearbeitung; die Zeilen werden senkrecht zum Hang verlaufend oder quer zur Hauptwindrichtung angeordnet, damit die Wärme von unten nach oben steigen oder der Wind die angestaute Wärme nicht herausblasen kann. Weinberge sind zu einem Großteil Monokulturen, wobei im modernen Weinbau die Kombination mit permanenter oder wechselnder Begrünung heute Standard ist.
Da Reben Schlingpflanzen sind, brauchen sie zum kalkulierten Wachsen Kletterhilfen, die aus Stützpfählen, gespannten Drähten und Holzgestellen bestehen. Es gibt viele unterschiedliche Reberziehungssysteme, weit verbreitet sind das Guyot-System mit einem klassischen Drahtrahmen und die Cordon-Erziehung, die besonders gut für die maschinelle Bearbeitung geeignet ist. Dazu gibt es aber unter anderem auch noch das Gobelet-, das Lyra- und das Pergolasystem sowie die Bogen- und Halbbogenerziehung.

DER WEINSTOCK

DER WEINSTOCK IN DER ANLAGE

LAUBWAND MIT TRIEBEN
TRAUBENZONE
SCHENKEL
Weinstock / Rebstamm

PATEK & BACHNER

„Patek & Bachner SilvanerHandwerk“ – so heißt das junge Weinlabel, das Thomas Patek und Moritz Bachner gegründet haben. Der Name verrät bereits die zwei Grundpfeiler ihrer Philosophie: Sie verstehen Weinbau als Handwerk mit jeder Menge sorgsamer Handarbeit, viel Zeit und Aufmerksamkeit. Und sie kultivieren nur eine Rebsorte: Silvaner. Die beiden ambitionierten Winzer arbeiten seit 2016 nicht mehr nur als Kollegen im renommierten Weingut Horst Sauer in Escherndorf, sondern stellen darüber hinaus ihren eigenen Wein her – auf Rebflächen, die ihnen ihr Chef und Mentor zur Verfügung gestellt hat. Auch den Silvaner-Ausbau gestalten sie nach ihren Vorstellungen, und schon die Weine des ersten Jahrgangs erregten Aufmerksamkeit.

„WENN WIR UNS NACH FEIERABEND IM WEINBERG TREFFEN, DANN GEHEN WIR ES RUHIG AN, MIT MUSSE UND GELASSENHEIT."

Interview mit Thomas Patek und Moritz Bachner

Sie bekommen jedes Jahr Weinberge von Altmeister Horst Sauer zur Verfügung gestellt. Dort können Sie sich ausprobieren und experimentieren. Packt Sie dabei auch die Ehrfurcht?

Dazu muss ich erzählen, wie wir zu der Ehre gekommen sind. Nach dem 15er-Herbst hat uns Horst Sauer das Angebot gemacht, dass wir entweder wie gewöhnlich unsere Überstunden ausbezahlt bekommen oder aber zwei Weinberge zur Bewirtschaftung haben dürfen. Da mussten wir nicht lange überlegen. Wir machen die ganze Arbeit dort von A bis Z in unserer Freizeit und können das frei nach unseren Vorstellungen tun. Auch önologisch können wir uns ausprobieren und dürfen dabei die Technik des Weinguts nutzen. Der Wein gehört dann uns, ob er was taugt oder nicht. Wir tun natürlich, was wir können, dass er was taugt. Das ist, so glauben wir, auch Bedingung, schließlich steht der Name des Weinguts auf dem Rückenetikett. Um zur Frage zurückzukommen, ja: Ehrfurcht ist dabei, wenn man im Weingut Horst Sauer eine Arbeit mit großer Eigenverantwortung aufnimmt. Neben dem eigenen Anspruch wollen wir dem Chef auch beweisen, dass wir was gelernt haben.

Sie gehen mit sehr viel Liebe zum Detail an die Arbeit ran. Würde das auch mit 70 Hektar funktionieren?

Wir bewirtschaften zwei kleine Silvaner-Weinberge im besten Alter um die 30 Jahre, circa 20 Ar, also 0,2 Hektar. Das ist nicht vergleichbar. Was wir da betreiben, ist eine Spielwiese, unser finanzielles Auskommen hängt nicht davon ab.

Bei diesem Projekt ist unser Ziel, möglichst guten Wein zu machen und dabei unsere Vorstellungen von nachhaltigem Weinbau umzusetzen. Wir führen viele Arbeiten von Hand aus und nehmen uns dabei richtig viel Zeit, um die letzten Prozentpunkte Präzision rauszuholen. Das glauben wir zumindest, ob es dann auch so ist, sieht und schmeckt man ja erst im Nachhinein. Um zwei Beispiele zu nennen, wir nehmen zu Beginn der Blüte an jedem Trieb die untersten zwei oder drei Blätter weg, mit dem Ziel, ein moderates Verrieseln der Beeren zu erreichen. Das soll lockerbeerige und gesunde Trauben geben, bei denen sich die Beeren nicht gegenseitig aufquetschen und zu faulen anfangen können. Beim Ausbrechen schauen wir jeden Stock genau an, stellen ihn entsprechend seiner Verfassung auf die Anzahl der Triebe ein, von denen wir glauben, dass er damit in einem gesunden Gleichgewicht ist. Ob das bei 70 Hektar möglich ist? Nun, dafür bräuchte es enorm viele Fachkräfte, die bezahlt werden wollen, man hat ja immer nur einen begrenzten Zeitraum in der Vegetation für die jeweilige Arbeit zur Verfügung. Oder anders ausgedrückt, nicht möglich ist das im Basis- und Mittelsegment eines klassischen Weinguts, im Premiumbereich ab 25 Euro pro Flasche vielleicht schon.

Die Traubenzone wird hier von der sonnenabgewandten Seite entblättert, um für eine gute Belüftung zu sorgen und Pilzbefall zu vermeiden.

Stichwort Traubenteilung versus Grünlese. Pro? Kontra? Vielleicht geben Sie kurz einen Einblick in die beiden Methoden.
Unter Grünlese verstehen wir Folgendes: Ich stelle durch den Rebschnitt und eventuell beim anfänglichen Triebe-Ausbrechen erst einmal einen etwas größeren Ertrag ein, indem ich etwas mehr Augen „anschneide" bzw. Triebe am Stock belasse, wie theoretisch für den Zielertrag nötig sind. Dann fange ich kurz vor dem Reifwerden an, zum Beispiel hinterherhinkende oder zu viele Trauben rauszuschneiden. Das hat den Vorteil, dass ich natürlich eine gewisse Sicherheit habe. Denn es können Schädlinge kommen, es kann Spätfrost geben, es kann Hagel geben. Ich weiß zu diesem Zeitpunkt nicht genau, wie dieses Jahr der Fruchtansatz wird, wie gut die Blüte läuft. Das sind alles Risikofaktoren. Auch bei einem Weinberg, der sehr viel Power hat, stark im Wuchs ist, kann es Sinn machen, anfangs etwas mehr Trauben hängen zu lassen. Wenn ich aber Weinberge habe, die nicht so wüchsig sind, zum Beispiel aufgrund eines kargen Bodens oder hoher Begrünungskonkurrenz, überlaste ich den Stock damit vielleicht und die Triebe bleiben kümmerig. Außerdem bedeutet jede weggeschnittene Traube verlorene Energie, die der Rebstock aufgebracht hat. Sehr wichtig ist auch der Zeitpunkt, an dem ich Trauben reduziere, mache ich das zu früh, gleicht der Stock es aus und das Wachstum der verbleibenden Beeren wird angeregt. Je nach Jahr, Weinberg, Zielvorstellung und Risikobereitschaft gilt es also abzuwägen. Ein komplexes Thema. Dabei hilft sicherlich die Erfahrung vergangener Jahre, auf fränkisch: Mer muss sei Wengert kenn. In unserem Fall als Jungwinzer muss man viele Fragen an ansässige, erfahrene Winzer, wie den Horst, stellen. Traubenteilung ist ein weiteres Werkzeug, Erträge zu reduzieren. Anstatt ganze Trauben wegzuschneiden, nimmt man den unteren Teil der Traube in gewünschtem Mengenanteil mit einem horizontalen Schnitt durchs Stielgerüst weg. Das sollte möglichst vor dem Traubenschluss passieren, also solange man mit der feinen Leseschere an das Stielgerüst kommt, ohne dabei Beeren zu verletzen. Es kann bei kompakten Klonen Sinn machen, um Spannung aus der Traube zu nehmen. Wieder, um das Aufquetschen der Beeren und Fäule zu vermeiden. Zudem erhöht sich das Mostgewicht und somit der potenzielle Alkohol, da sich Nährstoffe und Photosyntheseleistung nun auf wenigere Beeren konzentrieren. Ob das gut oder schlecht ist, hängt wieder von den oben genannten Punkten ab. In jedem Fall eine sehr aufwendige Arbeit.

Wenn zwei junge Winzer sich nach Feierabend im Weinberg treffen, was läuft dann anders als im Betrieb?
Vom Anspruch an die Qualität der Arbeit nichts. Vom Tempo her zugegebener Maßen schon. Wir arbeiten dann sicherlich ein bisschen entspannter. Während der regulären Arbeitszeit ist es schon so, dass wir eine Tempovorgabe haben, da ist einfach richtig Zug drin. Das muss auch so sein, um das Ganze wirtschaftlich betreiben zu können. Wenn wir uns nach Feierabend im Weinberg treffen, dann gehen wir es ruhiger an, mit Muße und Gelassenheit. Dann trinken wir auch gerne mal ein Feierabendbier dazu.

Haben Sie als Jungwinzer den Ansporn, es dem Altmeister mal zu zeigen und es mit seinem Wein aufzunehmen?
Was sollen wir dem Horst denn zeigen? Das Weingut spielt in der Champions League und wir sind Freizeit-Kicker. Das heißt aber nicht, dass wir nicht auch schöne Tore schießen können. Unsere Silvaner sind von der Stilistik ein klein wenig anders als die des Weinguts, aber die Handschrift ist, glauben wir, schon zu erkennen. Schließlich arbeiten wir tagtäglich mit ihm zusammen, durften viel vom Horst lernen und geben sowohl für die Weine des Weinguts wie auch für unsere Silvaner unser Bestes.

WEINGUT DANIEL THEN

Das 5,5 Hektar große Weingut in Sommerach wird von Daniel, Arthur und Eleonore Then geführt – und dies bereits in der fünften Generation; davon zeugt nicht nur der imposante Gewölbekeller aus dem 16. Jahrhundert. Ob nun für die Weine aus der Linie „Neues Franken", „Klassisches Franken" oder „Großes Franken" mit Spätlesen vom Silvaner, dem Riesling, der Faberrebe und edelsüßen Auslesen – ihre Reben wachsen auf sonnigen Muschelkalkhängen. Die Thens haben sich der naturnahen und nachhaltigen Bewirtschaftung der Weinberge verschrieben. Nationale wie internationale Preise unterstreichen die Arbeit Daniel Thens, der die Verantwortung für den Weinausbau innehat, darunter die Auszeichnung Best of Gold 2009, 2013 und 2017, für die sich alle Frankenweine qualifizieren, denen zuvor bei der Fränkischen Weinprämierung eine Goldmedaille verliehen wurde.

„BEST OF GOLD IST FÜR MICH DER FRÄNKISCHE OSCAR."

Interview mit Daniel Then

Franken und Rotwein, lässt sich das verkaufen?
Ja, das lässt sich gut verkaufen! Mit gutem Wein und guter Machart.

Und wie lange schon?
Seit 2007. Da habe ich gesagt: Okay, wir müssen jetzt Spätburgunder top machen, nicht Spätburgunder fränkisch, sondern Spätburgunder „Daniel Then". Wir fahren Maischegärung, Holzfass-Gärung, Ausbau im Barrique. Seitdem funktioniert es gut.

Was ist das Geheimnis dahinter?
Zum einen ziemlich starke Reduktion draußen im Weinberg, der Ertrag wird auf 30 bis 50 Hektoliter pro Hektar runtergesetzt, alte Rebstöcke, gute Lage. Der Muschelkalkboden präsentiert sich super dazu! Dann muss man noch das richtige Holz finden. Ich habe jetzt französische Eiche für meine Top-Spätburgunder. Die Weine sind ungeschwefelt, infiltriert und lagern dann zwei Jahre in dem neuen Fass, dann erfolgt die Füllung auf die Flasche. Danach noch ein Jahr Lagerung bei mir im Weingut, und dann, nach drei Jahren, kommt der Wein erst in den Verkauf.

Ist die Kombination Spätburgunder–Muschelkalk eine stimmige Kombination?
Bei dem einen Weinberg, dem Mittelsegment-Spätburgunder, haben wir einen Muschelkalkboden mit einer leichten Sandauflage. Da nehmen wir das große Holzfass, also Halbstück. Der große Spätburgunder wächst am Katzenkopf, unserer bekanntesten Lage in Sommerach, im dritten Zug oben, gut zur Sonne ausgerichtet, wunderbar tiefgründig, guter Humusgehalt. Der Boden erwärmt sich am Tag sehr stark mit den Steinen, die unter dem Rebstock liegen. Diese geben die Wärme dann über Nacht wieder ab, und die Trauben trocknen wieder ganz schnell ab, sodass sich keine Pilze wie Botrytis bilden. Also beste Voraussetzungen vom Boden her. Wie gesagt, Reduktion ist alles! Man kann meiner Meinung nach nicht mit 90 Hektoliter einen Top-Spätburgunder erzeugen, sondern man muss schon ein bis zwei Drittel rausschneiden, je nach Typ, den man erzeugen will.

Worin liegt für Sie die Faszination im Winzerberuf?
Der Beruf ist verdammt vielseitig. Im Herbst in der Weinlese und bei der Füllung der Flasche bist du Getränketechnologe. Kannst dich quasi selbst verwirklichen mit den Weinen, kannst dir den ganzen komplizierten Ablauf selbst zurechtlegen. Im Winter bist du dann Verkaufs- und Marketingstratege und kümmerst dich um deine Absatzmärkte – ob es auf einer Messe ist oder im privaten Bereich, ob es auf der Gastronomieschiene ist oder im Fachhandel. Im Januar/Februar bist du Abfüll-Chef, da wird der Wein auf die Flasche gezogen. Im Sommer bist du viel draußen, hast viel in der Natur zu tun, du bist sozusagen der Gärtner, musst schauen, dass deine Pflanzen gesund bleiben, dass du sie vital erhältst ... Und als Selbständiger habe ich ja alle Möglichkeiten. Du musst die gesetzlichen Vorschriften einhalten, davon abgesehen bist du eigentlich ein Freigeist.

Sie haben schon unterschiedliche Vermarktungswege angesprochen. Wie wichtig ist die Präsenz auf Messen und bei Wettbewerben für Sie?
Die öffentliche Präsenz ist wichtig, die Leute müssen ja wissen, was ich für einen Wein mache, wie er schmeckt, wie die Etiketten aussehen und in welcher Flasche er ist. Wir gehen auf die ProWein als Fachhandelsmesse und eine Endverbrauchermesse in Hamburg. Das Wichtigste ist Connecten, Netzwerke zu haben. Die Leute triffst du nur, wenn du rausgehst. Nach Sommerach in meinen Betrieb kommen die nicht und suchen mich. Du musst schon draußen präsent sein. Man muss sich zeigen.

Stichwort Wettbewerbe: Liefern sie messbaren Erfolg?
„Best of Gold“ ist für mich sozusagen der fränkische Oscar. Das merkt man dann schon. Die Leute werden auf einen aufmerksam, kommen mal auf einen Besuch vorbei, wollen den Wein natürlich probieren und lernen auch den Rest des Betriebs kennen. Ich finde, diese regionalen Wettbewerbe sind ganz wichtig, dazu natürlich auch Bewertungen von Gault&Millau oder Eichelmann. Aber ich muss hinter meinen Weinen stehen, muss sagen, wie sie sind, wie ich sie gemacht habe, was dahintersteckt.

Wie verändert sich das Image des Frankenweins?
Auf jeden Fall positiv! Das Image hat sich sehr gebessert, die Weine sowieso. Wir brauchen uns nicht vor ausländischen Weinmachern zu verstecken oder zu fürchten, sondern wir sind mindestens auf Augenhöhe im nationalen und internationalen Vergleich!

Welche Gründe gibt es für diese positive Entwicklung?
Den Ehrgeiz der Winzer. Leidenschaft kommt von Leiden. Du musst halt einfach erst mal die Zähne zusammenbeißen, damit du da hinkommst, wo du hinwillst. Du kannst jedes Jahr planen, aber die Natur sagt dir dann schon, wo es langgeht. Jeder Jahrgang ist anders.

Weinbau im Einklang mit der Natur – geht das bei Monokulturen überhaupt?
Wir säen da Leguminosen ein, arbeiten mit vielseitigen Begrünungen, um unsere Flora und Fauna sowie auch Nützlinge zu fördern. „Beikräuter“ nenne ich es auch, nicht mehr „Unkraut“. Wir verwenden kein Glyphosat mehr seit sechs Jahren. Seit 2018 machen wir Pflanzenschutz auf biologischem Weg. Das hat mich schon lange beschäftigt und es fühlt sich richtig an. Wir wollen Humusbildung fördern und damit die Wasserspeicherfähigkeit erhöhen. Ein gesunder Boden ist mir wichtig. Was unseren Reben guttut: dass wir kein Kunstdünger mehr streuen, das reduziert den Rebstock in seinem Wachstum, er kann nicht mehr so viele Beeren produzieren, die Beeren werden nicht mehr so groß. Man versucht, mit weniger maschinellem Einsatz mehr Intensität und Extrakt im Wein zu erreichen. Das Umgewöhnen des Weinbergs weg von der konventionellen Bodenbearbeitung dauert übrigens circa vier bis fünf Jahre.

Welche Arbeitsschritte sind notwendig, um den Rebstock zu zähmen und eine hohe Traubenqualität zu erhalten?
Man sagt so schön im Winzer-Jargon: Der Rebstock will seinen Winzer zwanzigmal im Jahr sehen. Das geht mit dem Rebschnitt los. Danach folgt das Niederziehen, die Ertragseinstellung am Jahresanfang. Dann das Heften, die gesunde Haltung des Rebstocks. Im Anschluss stellt man das Blatt-Frucht-Verhältnis ein, dann erfolgt die Ertragsregulierung, schließlich die Ernte. Das sind fünf der wichtigsten Punkte, aber dazwischen sind noch viele kleine Dinge zu tun.

Bei der Cordon-Erziehung werden ein oder zwei waagrechte Stamm-Schenkel permanent stehen gelassen, aus denen die Triebe aus einem Zapfen des alten Holzes wachsen. Die Triebe tragen dann die Früchte und Blätter.

FELCO 6
SWISS MADE

Bei der Traubenteilung wird der untere Teil der Traube halbiert und der Ertrag minimiert. So wird den übrigen Beeren mehr Platz zum Reifen geboten und sie bleiben gesund. Dadurch wird auch der Extrakt erhöht.

Weinberge sind über Jahrhunderte hinweg – in Franken bereits seit über 1.200 Jahren – Monokulturen. Die Erhaltung der Bodenfruchtbarkeit ist für die Winzer damit von existenzieller Bedeutung, sodass der Weinberg von Generation zu Generation weitergegeben werden kann. Die „Begrünung" stellt eine biologische Bodenpflege dar, mit der durch gesteuerten Pflanzenbewuchs die Bodenfruchtbarkeit und der Lebensraum Weinberg gefördert wird.
Sie unterstützt im Idealfall die Humusproduktion, den Erosions- und Verdichtungsschutz, die Erhaltung des biologischen Gleichgewichts und die Optimierung der Nährstoffversorgung. Darüber hinaus kann eine Begrünung arbeits- und betriebswirtschaftliche Vorteile bieten, da sie die Begeh- und Befahrbarkeit der Gassen im Weinberg verbessert. Es kann zwischen natürlichen und eingesäten sowie zwischen temporären, d. h. kurzzeitlichen, und mehrjährigen Begrünungen unterschieden werden. Eine optimale Zusammensetzung aus verschiedenen Pflanzen wie Gräsern, Wildkräutern und Kleearten kann gerade in „schlechten Jahren" besonders wichtig sein, da sich die durch die Begrünungspflanzen ergebende Wasser- und Stickstoffkonkurrenz auch negativ auf die Vitalität der Weinreben auswirken kann.

DIE BEGRÜNUNG

Phacelia
Löwenzahn
Borretsch
Ölrettich
Malve
Phacelia
Inkarnatklee
Amaranth
Inkarnatklee

BEISPIEL EINER SOMMERBEGRÜNUNG

WEINGUT WEIGAND

Das Weingut Weigand ist ein relativ junges Familienweingut, in dem sich die langjährige Erfahrung des Vaters und die neuen Ideen des Sohnes miteinander verbinden. Dies drückt sich nicht zuletzt in den sprechenden Namen der Weinlinien aus: DER HELD, DER FRANKE und DER WILDE zeigen sich in je eigener, charakteristischer Ausprägung. Auf neun Hektar Keuperboden um Iphofen wachsen Silvaner, Weißburgunder, Riesling, Scheurebe und Spätburgunder, teils in bekannten Lagen wie Iphöfer Kalb und Julius-Echter-Berg. Besonders der Erhalt der alten Reben liegt den Weigands am Herzen, und die Arbeit im Weinberg verstehen sie als Handwerk, das im Zeichen der Rückkehr zur Vielfalt der Natur steht. Da alle Trauben aufwendig von Hand gelesen werden, kann Andreas Weigand im Keller ausnahmslos auf die spontane Vergärung der wilden Hefen setzen. Aktuell befindet sich das Weingut in der Umstellung auf den ökologischen Weinbau nach den Richtlinien von Naturland.

„ES GEHT EINFACH UM BACK TO THE ROOTS."

Interview mit Andreas Weigand

Auf einem Etikett von Ihnen steht DER WILDE. Inwieweit kann ein Winzer oder ein Wein „wild" sein? Und was bedeutet „wild sein" für Sie und Ihren Betrieb?

Als wir damals die Etiketten umgestellt haben, wollten wir selbstverständlich, dass sie uns gefallen und zu uns passen. Unser Nachname ist Weigand, das bedeutet auf Altgermanisch Kämpfer oder Held. Deshalb sind unsere schönsten Weine DIE HELDEN. Den Bocksbeutel haben wir im Sortiment gelassen und nennen ihn DER FRANKE. Es gibt in dieser Flasche zwei Silvaner, typisch verwurzelt, mit Lagen drauf. Etwas ehrliches Fränkisches eben. Fehlte noch der Name für die Einstiegslinie. Von den Vorschlägen der Agentur war DER WILDE für uns der passende, da wir alle Weine mit wilden Hefen spontan vergären. Ob ein Winzer im Betrieb wild sein kann, weiß ich nicht. Wir machen das, was uns gefällt, und deshalb ist vielleicht alles etwas anders. Es geht einfach um „back to the roots".

Wo sind bei Ihnen im Betrieb Entwicklungen, bei denen Sie mehr Mut beweisen als andere?

Wir haben 2013 alles geändert. Wir hatten vorher alte, klassische Etiketten und haben von einem Jahr aufs andere den kompletten Betrieb auf das neue Konzept umgestellt. Ohne Vorwarnung. Das war sehr mutig von uns. Das geht aber auch nur, wenn du auf zwei Standbeinen stehst, wir haben ja noch ein Gästehaus. Mutig ist auch die spontane Vergärung. Wir setzen keine Reinzuchthefen zu. Das macht den Wein natürlich eigen im Geschmack, nicht austauschbar und meiner Meinung nach wesentlich besser. Aber das Risiko, irgendwelche Fehltöne reinzubekommen, ist natürlich höher. Was noch nicht passiert ist, weil wir einfach perfekte Trauben haben. Mutig ist es auch, biologisch zu arbeiten, das tun wir in der Zwischenzeit ebenfalls. Und es ist mutig, viel Arbeit in den Weinberg zu stecken, was wir hier extrem betreiben.

Warum ist Wein seit einigen Jahren hip?

Weil es mittlerweile viele junge Winzer gibt, die richtig Gas geben, die gute Weine machen, die richtig gute Etiketten haben, die mehr in die Gesellschaft hineinarbeiten, auch weil sie nahbarer sind. Darüber hinaus verändert sich die Weinqualität. Die Weine in Franken und in Deutschland werden immer stärker. Und die Winzer verstehen langsam, dass die Zeit vorbei ist, wo sie nur auf ihrem Hof hocken und warten, bis der Kunde kommt. Je mehr gute Sachen es in Vinotheken, Restaurants, Bars und im Handel gibt, desto eher sehen die Kunden, was sich so in der Region tut.

Verändert sich nicht auch die Zielgruppe? Also die Leute, die Wein trinken?

Absolut. Das Publikum wird jünger. Junge Leute, die sich für Genuss interessieren, gibt es immer mehr. Durch die Neuen Medien ist auch alles viel leichter zu erreichen. Früher hattest du „deinen" Winzer, bei dem du eingekauft hast. Heutzutage fahren die Leute bei unterschiedlichen Winzern vorbei und kaufen hier einen Karton und da einen Karton. Man hat viel mehr Kunden, aber wesentlich weniger verkauften Wein pro Kunde.

Früher gab es so etwas wie Heckenwirtschaften oder Hoffeste. Haben Sie das Gefühl, dass die Leute heute anspruchsvoller sind? Waren die Leute früher einfacher zufriedenzustellen?

Ich glaube schon, dass die Leute früher einfacher zufriedenzustellen

„DIE FRANKEN AN SIC
OFT ETWAS KNARZIC
VERSCHLOSSEN, ÄHN
WIE DER SILVANER.“

H SIND
UND
LICH

waren. Ich finde, das Programm, das man sich überlegt, muss halt immer auch zum Weingut passen. Wenn ein uriger fränkischer oder hessischer „Knärz“ Heckenwirtschaft macht, ist das Entertainment an sich. Wenn ich das machen würde, würde es gar nicht passen, weil ich das nicht lebe. Ich bin viel unterwegs in Restaurants, begleite Menüs mit meinen Weinen und organisiere Veranstaltungen bzw. kleine Feste. Die Leute wollen den Winzer sehen und ihn auch kennenlernen. Sie wollen neue Sachen probieren. Und sie wollen auch die Storys hinter den Winzern und Weinen erfahren.

Was bedeutet es für Sie, sich auf die Traditionen des Winzers zu berufen? Und inwieweit spielen ältere Methoden für Sie eine Rolle?
Das ist für mich extrem wichtig. Es gibt ja viel Wein, der ähnlich gemacht ist wie Coca-Cola. Du erntest Schimmeltrauben mit dem Vollernter und tust dann so lange Schönungsmittel drauf, dass das Zeug am Ende nach Wein schmeckt. Nur hat dieser Wein null Charakter. Er hat nichts mit der Region zu tun, sondern ist Wasser mit Aroma und Alkohol. Das ist nichts Eigenständiges, sondern austauschbar. Wenn ich von Tradition spreche, dann meine ich, dass wir im Weingut alles mit der Hand lesen. Wir vergären unsere Weine alle spontan, was sehr traditionell ist. Und ich will auch alle Weine langfristig in großen, alten Holzfässern haben. Aber ich mach das nicht, weil es traditionell ist, sondern weil es einfach gut ist. Weil ich glaube, wenn du gute Trauben hast, gut im Weinberg arbeitest und gut liest, brauchst du nicht mehr. So bekommst du Weine, die sehr gut schmecken und einen ganz eigenen Charakter haben. Ich hole mir jetzt eine alte Korbpresse von früher. Das ist zwar eine elendige Arbeit, und es dauert ewig. Dadurch, dass du die Trauben nicht scheiterst wie bei einer großen Presse, ist es aber extrem schonend. Ehrliches, gutes fränkisches Handwerk. Keine Schönung, nicht Pülverchen hier und Pülverchen da.

Ihre Abschlussarbeit behandelte das Thema „Die Zukunftsaussichten der Rebsorte Silvaner“. Wie steht es denn um den Silvaner?
Ich finde, der Silvaner ist so eine geniale Rebsorte, und die Aussichten sehen für diese Rebsorte sehr gut aus. Ich habe unter anderem Gastronomie, Handel, Weingüter und Rebschulen dazu befragt. Alle waren sich einig, dass der Silvaner sehr wichtig und tief verwurzelt in dieser Region ist. Er gehört zu Franken. Deutschland ist zwar Rieslingland, aber man freut sich darüber, dass es auch etwas anderes gibt als Riesling.

Ist das eine Chance für Franken?
Es ist eine unfassbar große Chance für Franken, wenn wir kapieren, dass die Leute Franken mit Silvaner identifizieren können. Ich brauche hier keinen Sauvignon Blanc und keinen Chenin Blanc. Das Hauptaugenmerk sollte immer auf dem Silvaner liegen. Bei jedem Winzer schmeckt er ja auch anders, jeder entwickelt seinen eigenen Silvanerstil. Wir selbst bauen grünen und gelben Silvaner an. 1964 war der Silvaner noch die meist angebaute Rebsorte Deutschlands, dann ging es rapide bergab. Jetzt ist er in Franken mit ungefähr 23 Prozent die am häufigsten angebaute Rebsorte. Rheinhessen hat flächenmäßig etwas mehr, ist aber auch als Region größer. Wenn wir zusammenhalten, die Franken und die Rheinhessen, dann hat der Silvaner unfassbar gute Aussichten.

Stichwort Spontanvergärung: Birgt das nicht auch ein hohes Risiko?
Es gibt zwei Methoden bei der Vergärung – einmal mit gezüchteten Reinzuchthefen und dann mit der spontanen Hefeflora in der Luft. Letzteres nennt man Spontanvergärung. Wenn ich Spontanhefen nehme, dann lasse ich den Saft einfach nur im Tank und warte ein, zwei Wochen, bis es anfängt zu gären. Das ist wie ein Kick, weil du nie weißt, was rauskommt. Du weißt nie, welcher Hefestamm, der in der Luft ist, sich bei den Trauben durchsetzt. Und deshalb wird jeder Wein aufs Neue eigenständig und hat seinen eigenen Charakter. Das ist natürlich viel mutiger als mit Reinzuchthefen, weil gezüchtete Hefen meistens gärstärker sind, das heißt, sie halten länger durch, und die Weine werden sicher ziemlich trocken. Spontane oder wilde Hefen sind meistens gärschwächer, deswegen hören sie irgendwann einfach auf zu gären, oder sie werden langsamer. Deshalb braucht man viel mehr Zeit und Ruhe sowie bessere Trauben, damit sie durchgären.

Inwieweit stellt man dann für so einen Prozess die Weichen? Was hat man da für Kontrollmöglichkeiten?
Wenn du gesunde Trauben hast, kann eigentlich nichts mehr passieren. Außerdem lesen wir unsere Trauben vor, und wir lesen sehr punktuell im Weinberg. Für DIE WILDEN wird etwas früher gelesen, damit sie ein bisschen weniger Alkohol haben, mehr Säure besitzen und somit knackiger und frischer sind. Die Trauben, die dann noch hängen, sind für DIE FRANKEN, die etwas kräftigeren Weine, und den HELD. Für ihn werden die schönsten Trauben aus dem ganzen Jahr genommen. Die wichtigste Weiche stellt man also im Weinberg. Das heißt, viel Zeit im Weinberg zu verbringen und mit Handlese zu ernten.

Was bedeutet für Sie fränkisches Lebensgefühl?
Ich finde es in Franken sauschön. Die ganze Landschaft, die Region. Die Franken an sich sind ja oftmals etwas knarzig und verschlossen, ähnlich wie der Silvaner, und nach ’ner Zeit, wenn man sie kennenlernt, sind sie sehr offen, freundlich und lustig. Wein hat mit Franken unfassbar viel zu tun. Und Franken ist ja zudem auch Bierland. Das trägt alles zum Lebensgefühl bei: zusammen was trinken, Genuss, Lebensfreude.

WEINGUT ZEHNTHOF LUCKERT

Knapp 17 Hektar Rebfläche auf Muschelkalk bewirtschaften Ulrich, Wolfgang und Philipp Luckert mit ihren Familien in Sulzfeld. Dabei arbeiten sie seit 2009 im gesamten Betrieb voll ökologisch. Besondere Aufmerksamkeit schenken die Luckerts dem Silvaner, doch auch Weißer Burgunder, Riesling, Müller-Thurgau und Spätburgunder werden sorgfältig kultiviert – allesamt in Kordonerziehung. Die wichtigsten Lagen des Weinguts sind Maustal, Sonnenberg und Berg I. Seine Weißweine werden in großen Holzfässern mit wilden Hefen vergoren und ausgebaut, der Ausbau der Rotweine erfolgt nach der klassischen Maischegärung in Barriques. Der Zehnthof Luckert zählt nicht nur zu den Prädikatsweingütern des VDP, sondern begeistert zudem mit der Qualität seiner Weine durch die Bank die Weinguide-Kritiker von Falstaff über Vinum und Gault&Millau bis Eichelmann.

ZEHNTHOF
LUCKERT
Wein&Gut

„WIR HABEN ES NOCH KEINEN TAG BEREUT, DASS WIR AUF ÖKOLOGISCHEN WEINBAU UMGESTELLT HABEN.“

Interview mit Ulrich Luckert

Laubarbeiten im hundertjährigen Weinberg

Sie haben Reben von 1870 im Sonnenberg stehen. Was zeichnet diese alten Reben aus – und wird so ein Rebstock altersschwach?
Diese alten Reben zeichnen sich im Wesentlichen durch zwei Dinge aus. Zum einen sind es wurzelechte Reben ohne jede Veredelung. Zu dieser Zeit wurden ja noch keine Pfropfreben verwendet. Zum anderen ist es so, dass diese Silvaner im Jahr 1870 noch vor der Klonenselektion gepflanzt wurden. Das heißt, es handelt sich um sogenannte Ur-Silvaner, aus denen dann in den 40er-, 50er-, 60er-Jahren die Klone, wie wir sie heute kennen, auf Ertragssicherheit und Ertragsstärke gezüchtet wurden. Aber der eigentliche Schatz sind ja die, die eher weniger tragen, wie man heute weiß. Altersschwach wird so ein Stock irgendwann schon einmal, aber bei guter Pflege ist es kein Problem, so einen alten Weinberg auch noch einige Jahre und Jahrzehnte weiterzupflegen.

Und wie bewahrt man so einen alten Silvaner?
Bewahren kann man auf zweierlei Weise. Entweder durch sehr gute weinbauliche Pflege, dass man den Stock also nicht überfordert, sondern sehr moderat anschneidet und den Ertrag immer relativ niedrig hält. Und zum anderen kann man natürlich bewahren, wenn man aus diesem alten Weinberg sogenannte Edelreiser schneidet und diese dann wieder als eigenes Pflanzgut weiterverwendet. Dadurch hat man das genetische Material des alten Weinbergs in einen jungen weitergegeben.

Sie arbeiten im Weinberg mit dem Kordonsystem. Was ist das Besondere an dieser Art der Erziehung?
Das Besondere ist zum einen der hohe Altholzanteil, den wir im Weinberg haben. Dadurch kann der Rebstock unwahrscheinlich viele Reservestoffe einlagern. Und zum anderen nutzen wir die natürliche Unfruchtbarkeit der basalen Augen aus und ersparen uns dadurch den Arbeitsschritt der Grünlese. Der Vorteil ist, dass der Rebstock das ganze Jahr die gleiche Traubenanzahl ernährt. Dadurch muss er seine Kraft, seine Mineralien, nicht in unzählige Trauben investieren, die dann im Juli/August rausgeschnitten werden.

Gibt es beim Kordonsystem irgendwelche Erschwernisse bei der Erziehung? Oder ist es einfach eine andere Technik?
Das ist eine andere Schnitttechnik, bei der man tendenziell länger braucht. Der Kordonarm hat zwischen sechs und acht Augen, die alle händisch beschnitten werden müssen. Bei der Normalerziehung bist du in der Regel mit zwei Schnitten am Rebstock fertig. Andererseits erspart man sich die Arbeit des Niederziehens, des Anbindens. Aber im Frühjahr ist es dann natürlich so, dass nicht nur ein Trieb aus diesen Kordonzapfen rauskommt, sondern beim Silvaner teilweise vier oder fünf. Jeder Zapfen wird von uns auf eine einzige Rute eingestellt. Das ist natürlich ein wahnsinniger Aufwand. Aber dafür hat man halt auch die Qualität.

Im Weinberg 1 bauen Sie Weißburgunder auf historischen Steinterrassen an. Welche Herausforderungen hat diese Anbauart?
Der Anbau in Terrassenlagen erfordert eine komplett händische Arbeit. In diesem Weinberg wird außer dem Rasentrimmer keine Maschine eingesetzt.

Was war die Motivation, sich dieses Weinbergs mit Vertikalerziehung anzunehmen und nicht zu sagen, das lohnt sich nicht?
Die Motivation war zum einen natürlich, dass es sich bei dem Weinberg um einen relativ alten Weißburgunder handelt. Da gibt es nicht so viele davon, Weißburgunder hat ja erst Mitte/Ende der 60er Einzug in Franken gehalten. Was dazukommt: Das sind die einzigen verbliebenen Terrassen in Sulzfeld aus der Zeit vor der Flurbereinigung und damit natürlich auch ein Stück Kulturgut. Und ich finde schon, dass wir da eine gewisse Verpflichtung haben, damit das für die Nachwelt erhalten bleibt.

Ihre Weine lagern überwiegend in Holzfässern aus Spessarteiche. Was zeichnet diese Fässer aus und wo liegt der Unterschied zu den französischen Konkurrenten?
Auch da ist uns die Regionalität wichtig. Wir haben mit dem Steigerwald und dem Spessart riesige Wälder vor der Haustür und wir haben

„FÜR DIE STILISTIK UNSERER WEINE IST DAS HOLZFASS NICHT MEHR WEGZUDENKEN.“

eine super Küferei in Eußenheim. Unseren Weißwein lagern wir in Fässern von 700 bis 5.000 Litern Inhalt. Wir haben schon vom Vater relativ viele Fässer übernommen und in den letzten Jahren den Holzfassbestand ausgebaut. Ich denke, es gibt kaum einen zweiten Betrieb, bei dem wirklich in dieser Konsequenz alles im Holzfass lagert, vom einfachen Müller-Thurgau-Qualitätswein bis hoch zum Silvaner oder Riesling Großes Gewächs.

Also auch eine Rückbesinnung auf traditionelle Methoden.
Genau. Wir setzen im Keller keine Enzyme ein und verwenden auch keine Reinzuchthefen mehr; wir arbeiten ausschließlich mit der sogenannten Spontangärung. Das heißt, wir verwenden nur die traubeneigenen Hefen, die vom Weinberg her oder auch in der Kellerflora vorhanden sind. Im Prinzip machen wir Kellerwirtschaft wie in den 70er-Jahren. Und für unsere Stilistik ist das Holzfass nicht mehr wegzudenken.

Stichwort ökologischer Weinbau – ist das ein Trend oder ist das Einstellungssache?
Ein Trend ist es für uns auf keinen Fall. Wir haben uns ganz einfach überlegt: Was können wir machen, damit unsere Weine noch individueller werden? Mittlerweile sind wir darauf gekommen, dass der ökologische Weinbau maßgeblich die Traubenstruktur verändert und damit auch den Geschmack des Weines beeinflusst. 2007 haben wir die ersten Versuche gemacht und sind dann 2009 in die Zertifizierung gegangen. Bis jetzt haben wir das noch keinen Tag bereut.

WEINGUT AM STEIN

Im Jahr 1990 übernahmen Ludwig und Sandra Knoll die Leitung des Weinguts am Stein von Ludwig Knolls Vater, und sie führen es bewusst und mit viel Freude im Sinne einer ganzheitlichen Betrachtung von Boden, Kulturlandschaft, Ökosystem, Kosmos und energetischem System. So gestalten sie die Bewirtschaftung der insgesamt 30 Hektar Weinberge in den Würzburger Lagen Innere Leiste und Stein, aber auch am ebenso renommierten wie steilen Stettener Stein sowie in Randersacker und Thüngersheim seit mehr als einem Jahrzehnt nach biologisch dynamischen Prinzipien in achtsamem Umgang mit der Natur. Das bedeutet unter anderem, ausschließlich mit natürlichen Mitteln zu arbeiten und vollständig auf synthetischen Pflanzenschutz und Kunstdünger zu verzichten. Dass auf diese Weise exzellente, terroirgeprägte Weine entstehen, zeigt nicht zuletzt die Auszeichnung zur besten deutschen Weißweinkollektion des Jahres 2016 durch Eichelmann oder des besten europäischen Steillagenrieslings 2017.

„NUR WENN DIE IRDISCHEN UND DIE KOSMISCHEN KRÄFTE MITEINANDER IN HARMONIE STEHEN, KOMMT ES ZU EINEM VITALEN WACHSTUM DER PFLANZE UND ZU EINER HARMONIE IN DER FRUCHT, DIE UNS MENSCHEN DANN EINEN SCHÖNEN GESCHMACK UND EBEN DIESES BELEBENDE ELEMENT MITGEBEN KANN.“

Interview mit Ludwig Knoll

Der Stettener Stein – eine ganz besondere Lage. Was zeichnet dieses Stück Land aus?
Ich glaube, das ist kleinklimatisch und geologisch betrachtet eines der besten Stücke Landschaft, die wir in Franken besitzen. Hoch über dem Main liegend, mit den Felsabrissen am Rand, mit den Muschelkalk-Schaumbänken, die zwischen 20 und 30 Meter steil aufragen. Und direkt oberhalb die Weinreben, die sich in den Hang mit bis zu 80 Prozent Steigung schmiegen, wo man fast nur mit dem Steigeisen hochkommt und keinerlei Maschinen mehr im Einsatz haben kann, es sei denn, sie sind am Seil gesichert. Ich glaube, es liegt auch an der besonderen Lage, dass man große Weine machen kann, die eine eigene Geschichte erzählen. Das ist einer unserer Ansprüche, dass wir die Herkunft des Weins fundiert widerspiegeln. Am Stettener Stein haben wir als Einflussfaktoren natürlich den Boden, der dort in seiner Erdauflage sehr flachgründig ist, darunter den Muschelkalk, der sehr karstig ist, sodass die Wurzeln sehr tief whineindringen können und aus dem Felsen ihre Salze und Mineralstoffe herausholen. Das schmeckt man in den Weinen, diese Salzigkeit, diese feinen Phospornoten, die an geriebenen Feuerstein erinnern.

Sie stehen für ökologischen Weinbau. Was ist genau Ihr Ansatz dabei?
Ökologische Arbeit im Landbau heißt, dass wir uns nur mit den Stoffen beschäftigen, die auch bereits in der Evolution vorgekommen sind, die die Pflanze, die die Erde, das ganze Ökosystem bereits kennt. Im konventionellen Anbau dagegen versucht man, die Pflanze von innen heraus zu schützen, indem Stoffe eingelagert werden, die die Schädlinge fernhalten. Das ist kein guter Ansatz, weil die Natur diese Methodik nicht kennt. So entwickeln sich meistens Nebenwirkungen, die wir erst Jahre später in ihrer Gänze erfassen und die auf den menschlichen Organismus genauso wie auf die Umwelt in negativer Form reagieren. Unser Ansatz ist, der Kulturpflanze nicht mit einem Gift zu begegnen, sondern die Abwehrkräfte der Rebe zu stärken, sie in ein intaktes Umfeld mit einer breiten Biodiversität zu setzen.

Und welche Philosophie steckt hinter Ihrem biodynamischen Weinbau?
Die biodynamische Arbeit dreht sich im Prinzip nicht um das rein Stoffliche, das der ökologische Landbau schon sehr stark berücksichtigt, sondern versucht noch die energetische Ebene mit hineinzunehmen. Hier kommt ein homöopathischer Ansatz dazu:

die Verdünnung des Stofflichen – manchmal bis zum Nichtvorhandensein des einzelnen Stoffes. Indem ich zum Beispiel eine kleine Menge Hornmist, in dem die Information des Kompostierungsprozesses drinsteckt, in eine große Menge Wasser einrühre, gebe ich diese Information in das Wasser und sprühe es dann als Informationsträger auf den Boden aus. In der Biodynamik werden auch ganz wichtige Aussagen über die Harmonie und die Vitalität des Lebensmittels getroffen. Wir versuchen, im Weinberg draußen eine maximale Harmonie zu erreichen und Trauben zu produzieren, die eine sehr hohe Vitalität haben. Wie machen wir das? Die Trauben sehen ja nicht unbedingt schöner oder gesünder aus, sie sind sogar etwas kleiner, sie sind nicht so aufgeblasen, sondern einfach in „ihrem biodiversen Umfeld" zu natürlicher Größe gewachsen. Der biodynamische Ansatz geht im Übrigen auf Rudolf Steiner zurück, er spricht von den kosmischen und den irdischen Kräften. Mit Kosmos meint er all das, was im Bereich über der Rebe stattfindet, also den Luftaustausch, die Sonnenenergie, die auf die Rebe einströmt, sicherlich auch die Planetenkonstellationen; mit den irdischen Kräften meint er den Wasserhaushalt im Boden, das Gesteinsreich, aber auch die Nährstoffe im Boden. Nur wenn diese beiden Kräfte, die irdischen und die kosmischen, miteinander in Harmonie stehen, kommt es zu einem vitalen Wachstum der Pflanze und zu einer Harmonie in der Frucht, die uns Menschen dann einen schönen Geschmack und eben dieses belebende Element mitgeben kann. Wenn etwas lebendig ist und wir es genießen können, dann inspiriert uns ein solches Produkt ganz besonders, weil es eben lebendig ist.

Kommen wir zu den speziellen Methoden im Keller.
Auch im Keller ist es für uns wichtig, nicht außer Acht zu lassen, dass der Wein noch weiter reift. Die Vergärung vom Saft hin zum Wein ist ein sehr lebendiger Prozess, die Weinreife ebenfalls. Deswegen versuchen wir auch im Keller diese Verbindung zwischen kosmischen und irdischen Kräften zuzulassen, graben die Amphoren im Boden ein, haben den Boden nicht als geschlossenen Betonboden vorliegen, sondern haben Decke und Boden offen gestaltet, um den Energiefluss zu bekommen.

Wie präsentiert man sich heute mit seinem Weingut der Öffentlichkeit?
Ich glaube, eines der wichtigsten Dinge ist, dass meine Frau und ich die Möglichkeit hatten, das zu tun, was uns wichtig war, was unsere Persönlichkeit ausmacht. Da stand das Marketing gar nicht im Vordergrund, sondern einfach das, wofür unser Herz schlägt. Auf der einen Seite haben wir eine moderne Außendarstellung unseres Weingutes, auf der anderen Seite ist unsere Produktionsart sehr stark mit der Tradition und mit der Scholle selbst verwoben. Tradition heiß nicht Glut bewahren, sondern das Feuer schüren, das ich weiterhin schüren mag. Ich würde es nicht als modern ansehen, was wir hier machen, sondern eher als puristisch und zeitlos.

Bild links: Beim biodynamischen Weinbau werden kompostierte Stoffe verdünnt und in homöopathischen Dosen auf den Weinbergsboden aufgesprüht, dass die Informationen des Kompostierungsprozesses und damit des vergehenden und entstehenden Lebens in energetischer Form an den Boden weitergegeben werden. (In diesem Fall ist Hornmist im Einsatz.)

HERBST

WEINLESE

Im Herbst hoffen die Winzer noch einmal mehr denn je auf gute Wetterbedingungen: Sonne und warme Temperaturen beeinflussen jetzt, von August bis September, bei gleichzeitig ausreichender Wasserversorgung am intensivsten die Entwicklung und Reife der Trauben, ihr Mostgewicht und ihre Qualität. Kühle Nachttemperaturen fördern zudem die Aromabildung in der Beerenhaut. Dazu geht es nach langem Warten endlich mit allen Helfern in den Weinberg, um die Früchte der harten Arbeit zu ernten. Die Weinlese beginnt – je nach Rebsorte – für viele Anfang oder Mitte September und kann mehrere Wochen dauern. Wenn die Trauben ausschließlich von Hand geschnitten und nicht mit Einsatz eines maschinellen Vollernters geholt werden, können schon im Weinberg gesunde von kranken und reife von unreifen getrennt werden. Auch in den Weinkellern beginnt nun die hektischste Phase, müssen die Trauben doch sehr schnell, schonend und sauber verarbeitet werden.

WEINGUT BÜRGERSPITAL

Das Würzburger Weingut Bürgerspital ist Teil der Stiftung Bürgerspital zum Hl. Geist, die 1316 zur Pflege von Bedürftigen gegründet wurde. Seit 1321 gehören Weinberge zum Besitz der Stiftung, und mit jeder verkauften Flasche Wein wird noch heute das soziale Engagement unterstützt. In dem 700 Jahre alten Spitzenweingut sieht man sich der Tradition verpflichtet, ohne sich dabei neuen Wegen zu verschließen. Auf 120 Hektar Rebfläche werden in erster Linie die klassischen Rebsorten Riesling, Silvaner und Burgunder angebaut. Die Liste berühmter Weinlagen lässt sich lesen: Neben Würzburger Stein und Stein-Harfe zählen dazu Würzburger Innere Leiste, Pfaffenberg und Abtsleite sowie Randersackerer Teufelskeller, Pfülben und Marsberg. 2018 erhielt das VDP-Gründungsmitglied „Best of Gold“ für den „Würzburger Stein VDP.ERSTE LAGE Gewürztraminer Qualitätswein trocken“ von 2016 und die Gault&Millau-Bewertung des „2014er Würzburger Stein Silvaner Großes Gewächs“ als „Bester Silvaner Deutschlands“.

„DAS IST SCHWERSTARBEIT IN STEILLAGEN.“

Interview mit Robert Haller

Das Weingut ist Teil der Stiftung, die seit 1316 existiert. Wie schafft man es, mit der Zeit zu gehen und moderne Weine zu kreieren, ohne die Tradition dabei zu vergessen?

Das schafft man sehr gut, indem man die Tradition nicht als Last sieht, sondern als Geschenk. Durch diese Tradition haben wir nämlich ein wunderbares Lagen-Portfolio. Wir sind mit 120 Hektar im Muschelkalk hier um Würzburg beheimatet und in den besten Stücken mit dabei in den Prallhängen von Randersacker Marsberg und Teufelskeller über die Abtsleite bis hin zum Würzburger Stein als Paradeweinberg. Das in moderne Weine umzusetzen, macht man mit viel Know-how und mit einer jungen, dynamischen Mannschaft, die offen ist, neue Wege zu gehen und top Arbeiten abzuliefern.

Mit seinen 160 Eichenholzfässern hat das Weingut einen der größten Holzfasskeller in Deutschland. Gleichzeitig nutzen Sie auch moderne Edelstahltanks. Welche Rebsorten dürfen bei Ihnen in welchen Fasstyp einziehen und warum?

Holz- oder Edelstahlfässer sind ein Medium, mit dem wir die Stilistik der Weine prägen. Die Qualität kommt aus dem Weinberg. Wir brauchen Toplagen, wir brauchen Konzentration am Stock, moderate bis geringe Erträge, damit wir viel Kraft in den Weinen haben. Wie wir diese dann zur Vollendung begleiten, das ist der Kellerwirtschaft und der Stilistik zuzuschreiben. 70 Prozent unserer Weißweine werden im Edelstahl ausgebaut: frische Weine, Gutsweine, große Teile aus den Ortsweinen. Je höher wir in der Qualität steigen und je mehr wir auch in die Silvaner-Riesling-Burgunder-Richtung gehen, desto mehr kommt ins Holzfass. Es gibt da aber keine Regel, das ist jahrgangsabhängig.

„BEI 120 HEKTAR PASSIERT WIRKLICH WAS IM HERBST."

Wagen Sie auch Experimente? Kann ein Traditionsweingut so etwas überhaupt machen?
Wir müssen das sogar machen, ich sehe eine Verpflichtung dazu. Der Weinbau hat sich immer gewandelt, und das Bürgerspital hat sehr früh, Anfang des 19. Jahrhunderts, begonnen, immer Top-Weinfachleute und extra Weingut-Direktoren zu berufen. Als Innovationsführer, auch für Arbeitsweisen, war das Bürgerspital immer vorne dran. Es gibt bei uns seit Jahren Versuche mit Maischegärungen. Wir testen auch besondere Rebsorten. Aber wenn wir ein kleines Stückchen Cabernet Sauvignon, Merlot oder Sauvignon Blanc haben, muss das ja nicht gleich nach außen kommuniziert werden. Von uns wird Seriosität, Beständigkeit verlangt. Und wenn wir überzeugt sind, dass es in unsere stilistische Linie passt, dann gehen wir neue Wege.

Das Bürgerspital gehört mit 120 Hektar zu den größten Weingütern Würzburgs. Wir durften Sie während der Ernte begleiten, als Sie mit einem riesigen Trupp am Teufelskeller gelesen haben. Ist das Standard bei Ihnen? Da können Sie sich ja fast den Vollernter sparen?
Ja, beinahe, bei 120 Hektar passiert wirklich was im Herbst. Wir haben eine große Lesetruppe mit 90 Personen, die extra für die Ernte anreisen und auch bei uns untergebracht werden. Diese Helfer arbeiten während der Lese in unseren besten Hang- und Steillagen, um selektiert mit der Hand zu lesen. Und wenn der Druck groß wird, kann lediglich in unseren wenigen flacheren Gefilden auch mal die Maschine zum Einsatz kommen – aber in der Regel erst dann, wenn wir zum Beispiel am Abend davor die Leseparzelle mit den Lesehelfern durchlaufen haben und alles manuell verworfen wurde, was mit dem Vollernter nicht mitgenommen werden soll. Dann schließt sich die Maschinenlese auch aus Qualitätsgründen nicht aus.

Die Lese 2017 war für das Bürgerspital sicherlich eine mit besonderen Herausforderungen – relativ früh und aufgrund des instabilen Wetters auch sehr komprimiert. Wie bereitet man sich auf solche Ungewissheiten vor?

2017 hatten wir den frühesten Herbst, an den wir uns erinnern können. Vom 5. September bis zum 5. Oktober gab es noch nie eine Lese in dieser Geschwindigkeit. In sechs oder sieben Erntetagen haben wir praktisch die Hälfte unserer Weinberge gelesen, und auch innerhalb dieser Lese gab es dann noch Spitzenzeiten. Die Gründe liegen in den heißen Sommern mit früher nicht gekannten Vegetationsschüben und in unserer ehrgeizigen Weinbergarbeit. Wir produzieren eine Qualität am Stock, die sehr schnell und pünktlich gelesen werden muss. Früher war Riesling unsere spätreifste Sorte, heute sind wir mit dem Riesling meistens im September fertig. Die Herausforderung aufgrund der Klimaveränderungen ist nicht, dass wir jetzt in Franken nur noch Tempranillo oder Cabernet Sauvignon anbauen werden, sondern dass wir uns auf diese Wetterkapriolen einstellen, und das können wir nur mit einer Riesenflexibilität. Das heißt, wir versuchen von Jahresbeginn an noch mehr Gas zu geben, damit wir nicht mehr in die Situation kommen, nur noch zu reagieren, sondern immer einen Schritt voraus sind. Zum Glück haben wir eine eingeschworene Mannschaft von traditionellen Weinbergshelfern, vor allem aber von polnischen Lesehelfern, die dann innerhalb einer Woche für vier Wochen hier den Dienst antreten und eine Superarbeit leisten. Hut ab vor allen Leuten, die da im Weinberg stehen. Das ist Schwerstarbeit in Steillagen, aber es ist auch Übungssache, da gehört ganz, ganz viel Leidenschaft, Motivation und Erfahrung mit dazu.

ÖKOLOGISCHER LAND- & WEINBAU KRAEMER

Ökologischer Land- und Weinbau Krämer mit Sitz in Auernhofen ist ein landwirtschaftlicher Mischbetrieb mit etwa 70 Hektar Ackerbau und – seit dem Jahr 1983 – Steillagen- und Terrassenweinbau im fränkischen Taubertal. Mittlerweile sind es rund vier Hektar, die hier in zwei Lagen bewirtschaftet werden: Tauberzeller Hasennestle und Röttinger Feuerstein, bestockt mit den Rebsorten Silvaner, Müller-Thurgau, Riesling, Bacchus, Johanniter, Schwarzriesling und Regent. Zudem haben die Krämers einen Fränkischen Satz mit zwölf verschiedenen Rebsorten neu angelegt, darunter historische Reben. Bereits seit 1989 arbeitet der Betrieb komplett ökologisch. Stephan Krämer, der ihn von seinen Eltern übernommen hat und mit seiner Frau Simone führt, versteht Wein als Naturprodukt, kann dieser doch wie kaum eine Kulturpflanze die Lage, den Boden und die Arbeit daran in Geschmack und Qualität ausdrücken. Das ist es, was er über nachhaltige biologische Arbeit im Weinberg und im Keller herausarbeitet.

„ÖKOLOGISCH ZU WIRTSCHAFTEN IST EINE GRUNDHALTUNG FÜR MICH. ICH MÖCHTE SO ARBEITEN. ICH MÖCHTE SO LEBEN.“

Interview mit Stephan Krämer

Sie führen einen landwirtschaftlichen Mischbetrieb. Haben Sie den von Ihren Eltern so übernommen? Oder war das eine bewusste Entscheidung?
Der landwirtschaftliche Betrieb wird schon seit Generationen von meiner Familie bewirtschaftet. Ich hatte eine agrarwirtschaftliche Fachoberschule besucht. Als der Weinbau im Betrieb mit ins Spiel kam, hatte keiner eine Ahnung von Kellerwirtschaft. Deshalb habe ich noch eine Winzerlehre gemacht. Dem Umstand, dass wir dank meines Vaters seit 1990 ökologisch wirtschaften, ist es zu verdanken, dass ich heute mit Leib und Seele Bauer und Winzer bin. Der Gesamtkontext ist einfach mein Ding.

Es gab also vorher schon den Bauernhof, und dann kam der Weinbau dazu?
Ja, so muss man sich das vorstellen. Mein Vater hat den Betrieb als reinen Ackerbaubetrieb konventionell geführt und dann irgendwann in den Achtzigern aus Freude am Weintrinken und am Weinbau die Chance ergriffen, in Tauberzell ein bisschen Rebfläche zu kaufen. Ein Hektar, zu viel um alles selbst zu trinken. Mit der Umstellung auf ökologischen Weinbau sind wir dann in die Direktvermarktung gegangen, und ich habe die Trauben dann selber ausgebaut.

Beeinflussen die unterschiedlichen Aufgaben und Auslastungen während des Jahres den Weinbau negativ oder befruchten sich die beiden landwirtschaftlichen Bereiche gegenseitig?
Klar, wenn in der Landwirtschaft Hauptsaison ist – von März bis Ende Oktober –, ist auch Hauptsaison im Weinbau. Das geht nur, wenn man sich arbeitskräftemäßig gut aufstellt, und das funktioniert auch gut. Ich glaube, das befruchtet sich insofern, als ich über den ökologischen Ackerbau einfach Bodenpraktiker bin und im Weinbau auch eher über den Boden mein ganzes Management steuere. Dazu kommen Nebenprodukte aus der Landwirtschaft wie Rindermist, den ich kompostiere und alle paar Jahre in die Weinberge reinbringe.

Aber gerade in Zeiten der Weinlese wird es dann wahrscheinlich auch ein bisschen viel mit den anderen Geschichten außenrum, oder?
Das stimmt. Der Herbst ist knackig. Wir haben noch sieben Hektar Hackfrüchte draußen, Möhren und Rote Bete für die Saftindustrie, das kommt dann parallel dazu. Aber das ist halt Erntezeit. Dafür arbeite ich eigentlich das ganze Jahr, dass ich dann im Herbst die Früchte einfahren kann. Da muss dann eben auch mal ein Sonntag dran glauben.

Sie betreiben seit 1989 ökologischen Weinbau. Ist das für Sie eine Grundhaltung?
Ökologisch zu wirtschaften ist eine Grundhaltung für mich. Ich möchte so arbeiten. Ich möchte so leben, in meinem kleinen Rahmen. Und mit dem, was ich tue, meinen Kindeskindern fruchtbare Böden hinterlassen. Alles andere wäre für mich indiskutabel.

Was sind die größten Herausforderungen im ökologischen Weinbau? Und welche Hindernisse gilt es da noch zu überwinden?
Das Thema Pflanzenschutz wird immer heiß diskutiert, das ist klar. Wir spritzen ja tendenziell sogar ein bisschen öfter als konventionelle Betriebe, weil wir nur reine Kontaktmittel haben. Und die große Diskussion dreht sich immer um Kupfer, das wir gegen Falschen Mehltau einsetzen. Wir haben im Taubertal durch die Tallage mit Tau leider diese Problematik. Ich hoffe, dass man in der Forschung irgendwann etwas findet, das den ökologischen Pflanzenschutz nachhaltig weiter verbessert. Ich denke, wir sind da auf einem guten Weg, aber es gibt hier und da noch Baustellen.

Geht es da dann um die Zulassung von irgendwelchen Mitteln?
Es geht um alternative Präparate, die das Kupfer minimieren, das wir einsetzen. Wenn die Ökologisierung der Landwirtschaft und des Weinbaus weiter vorangeht, dann kann ich mir schon vorstellen,

dass die Biobetriebe für die Wissenschaft, die Forschung und die Pflanzenschutzindustrie interessanter werden. Wir sind ja ein kleiner Haufen. Was hat Deutschland an Bioweinbaufläche? Acht Prozent vielleicht.

Sie sind Mitglied im Verband „Fränkischer Ökowinzer". Ist das, spitz formuliert, ein träumerischer Haufen, oder haben diese Winzer den Zeitgeist erfasst und leisten hier Pionierarbeit?
Wenn man sich die Entwicklung der letzten fünf Jahre anschaut, dann denke ich, dass wir Maßstäbe gesetzt haben, vor allem hinsichtlich der Individualisierung von Weinqualität. Mittlerweile haben wir auch große, namhafte, etablierte VDP-Betriebe (Verein deutscher Prädikatsweingüter) dabei, die erkennen, dass sie nur so die Weinqualität weiter verbessern und sich noch mehr individualisieren können. Und darum geht es im Endeffekt, dass du ein gewisses Alleinstellungsmerkmal hast.

Ist dann Ökowein ein Trend unserer Zeit oder ein echtes Zukunftsmodell für Franken und Deutschland?
Ich denke, es ist ein Zukunftsmodell. In Franken bleibt sicher die Erschwernis, dass wir viele Steillagen haben. Aber wir zeigen mit über 25 Jahren ökologischem Steillagenweinbau, dass es geht. Man muss es wollen, vom Kopf her und vom Bauch her. Ich kenne viele Betriebe, die experimentieren, aber der letzte Schritt fehlt. Das ist sicher auch mit gewissen Ängsten verbunden. Wenn ich mich wirklich zertifiziere, dann muss ich die Richtlinien einhalten und kann nicht, wenn ich Probleme bekomme, konventionell reagieren. Wir haben da jetzt aber einen Generationswechsel und viele, die darauf hinarbeiten, sich zu ökologisieren. Die junge Winzergeneration will diesen Weg gehen, und ich finde das richtig und gut.

WEINBAU
UWE STEIGERWALD
WEINVERKAUF
Wein aus deutschen Landen

WEINGUT STEIGERWALD

Das 1991 gegründete Weingut im Herzen Randersackers eröffnete 1992 die erste Heckenwirtschaft im Ort und wird seit 2011 von Uwe und Florian Steigerwald gemeinsam geführt. Auf knapp 4,5 Hektar wachsen die Reben – wurzelnd in Muschelkalk und ausgerichtet zum Main – in den Randersackerer Lagen Marsberg, Sonnenstuhl, Dabug, Lämmerberg und Ewig Leben. Der älteste Müller-Thurgau des Guts, der schon im Jahr 1962 gepflanzt wurde, steht darüber hinaus in der Weinlage Würzburger Abtsleite. Mit Sorgfalt stellen Vater und Sohn Weine von je eigenständigem Charakter her, die den Zyklus eines ganzen Jahres im Glas zeigen. So hat das Weingut Steigerwald als fränkische Klassiker Müller-Thurgau, Alte Reben und Silvaner, in der Linie „Neues Franken“ aber auch Fruchtiges, sehr Frisches,wie Bacchus oder Rotling, sowie in der Linie „Großes Franken“ Spät- und Auslesen vom Silvaner, Spätburgunder, Rieslaner und edelsüße Spezialitäten im Angebot.

„DIE HECKENWIRTSCHAFT IST FÜR UNS WICHTIG, UM DIE KULTUR ZU LEBEN."

Interview mit Florian Steigerwald

Neben dem Weingut betreiben Sie noch eine Heckenwirtschaft. Ist dies ein Überbleibsel aus alten Zeiten oder ein wertvoller Kundenkontakt für Sie?
Es ist beides. Einerseits war die Heckenwirtschaft für uns schon immer ein großer Absatzweg. Es gab 16 Weingüter im Ort und wir waren das 17., noch dazu am anderen Ende von Randersacker. Das heißt, jeder Kunde ist an 16 Weingütern vorbeigelaufen, bis er bei uns war. Da war natürlich der Neukundengewinn quasi gleich null. Daher haben sich meine Eltern entschlossen, eine Heckenwirtschaft zu machen. So sind unsere Weine am Anfang verkauft worden, rein über die Heckenwirtschaft. Das ist für uns immer noch ganz, ganz wichtig, einfach auch, um die Kultur zu leben. Es gehört zu einem Weinort, dass man das Produkt dort genießt, wo es wächst, und sich mit den Einheimischen austauscht.

Inwieweit beeinflusst der direkte Kontakt mit den Kunden die Entwicklung des Weins und das Weingut an sich?
Unsere komplette Vermarktung läuft über Direktvertrieb. Wir sind in keinem Fachhandel vertreten, wir sind in keinem Discounter, wir sind in keinem Supermarkt. Wer unseren Wein möchte, der muss herkommen oder ihn über unseren Onlineshop beziehen. Bei dem großen Weinangebot können wir als kleine Winzer nur damit punkten, den Leuten die Geschichte hinter dem Wein zu erzählen, um sie dafür zu begeistern. Sie geben dann gerne auch den ein oder anderen Euro mehr aus, weil sie genau wissen, das ist Handarbeit – und der Einfluss der Natur wird wahrgenommen.

Was sind für Sie die drei besten Kombinationen aus Wein und Essen?
Zurzeit gefällt mir unser Spätburgunder sehr gut zu einem Rumpsteak, das Fleisch schön medium gebraten, leicht würzig, das passt einfach. Und dann muss ich sagen, ist es für mich mittlerweile immer mehr die Kombination von Müller-Thurgau und Spargel, weil einfach die Fruchtigkeit vom Müller-Thurgau den Spargel, dieses Cremige, dieses Erdige, noch mal richtig schön unterstützt. Und zum Silvaner isst meine Frau wahnsinnig gern Schweinelende, weil beides sehr dezent ist.

Wie wichtig ist der Oechslezähler für Sie bei Ihrer täglichen Arbeit noch?
Für mich ist es immer noch eines der wichtigsten Instrumente in der Reife, um zu prüfen: Wo stehen wir überhaupt? Haben die Beeren schon genug Zucker gebildet, dass wir sie lesen können? Brauchen wir noch ein bisschen mehr? Aber durch den Klimawandel ernten wir inzwischen eigentlich fast jedes Jahr gute Qualitäten. Wenn wir nur nach dem Zuckergehalt gehen würden, würde man sehr, sehr viele Spätlesen produzieren, die man natürlich so nicht verkaufen kann. Die Leute wollen auch einen Alltagswein, der Spaß macht, nicht nur zum Essen. Und da ist für mich die phänologische Reife ausschlaggebend: Sind die Kerne richtig schön ausgereift? Sind die braun? Ist das Stielgerüst, wo es zur Rebe übergeht, schon verholzt? Lassen sich die Beerchen leicht von den Stielen zupfen? Das sind wichtige Faktoren geworden, um festzustellen, ob die Reben reif sind. Zucker ist das eine, das andere ist die Frage: Bekommen wir die Kraft vom Weinberg? Das gibt uns Substanz. Das gibt uns Lagerfähigkeit. Und das spiegelt sich dann auch in den Weinen wider.

Was sind für Sie die Schritte, die im Keller entscheidend sind?
Meine Philosophie ist ganz einfach kontrolliertes Nichtstun. Durch meine Ausbildung habe ich sehr viel Technik kennengelernt und weiß, welche Mittel man zusetzen kann. Aber die Natur sagt uns: Das brauchen wir nicht. Das Einzige, was wir brauchen, ist Zeit. Das ist für mich das Wichtigste: den Weinen die Zeit zu geben, die sie brauchen, und damit Ausdruck und Lagerfähigkeit zu erhalten. Bei mir soll möglichst wenig filtriert werden. Die Weine klären sich von alleine – die Frage ist, in welcher Zeit das passiert. Deshalb haben wir die Füllung jedes Jahr ein Stückchen weiter nach hinten gelegt, sodass wir jetzt an dem Punkt angelangt sind, an dem wir den Weinen bis Ende April, Anfang Mai Zeit geben und wirklich nur eingreifen, wenn es kritisch wird.

Durch das Auspressen der Trauben auf den Refraktometer lässt sich der aktuelle Oechslegrad, also vornehmlich der Zuckergehalt, abmessen.

WEINGUT HORST SAUER

Für ihn ist Wein ein begnadeter Geschichtenerzähler. Doch in seinem Streben nach Perfektion weiß Horst Sauer nicht nur die ausdrucksstarke Poesie seiner Lagen Escherndorfer Lump und Fürstenberg zu schätzen, sondern auch den fachlichen Austausch mit seiner Tochter Sandra. Auf einer Rebfläche von 18,5 Hektar kultiviert er Silvaner, Müller-Thurgau, Riesling, Bacchus, Scheurebe, Spätburgunder, Domina und Weißburgunder auf Muschelkalk, Lettenkeuper und Lößlehm. Die Große Lage des Weinguts am steilsten Weinberg des Escherndorfer Lumps, „Escherndorf am Lumpen“, wurde im Jahr 1655 erstmals in einer Güter- und Satzungsbeschreibung erwähnt. Hier wachsen in reiner Südlage und an einem Hang, so steil wie eine Skischanze, über 30 Jahre alte Reben und bringen Spitzenweine mit hoher Lebensdauer hervor. Von deren Qualität und Renommee zeugt neben der Mitgliedschaft des Weinguts im VDP eine Fülle nationaler wie internationaler Auszeichnungen. So kürt der Gault&Millau Horst und Sandra Sauer zum Winzer des Jahres 2018.

Traditionell wird die Weinlese mit einem lauten Knall aus der Schreckschusspistole beendet.

„WENN ICH WIRKLICH SO EINE LAGE MIT SO EINEM POTENZIAL HABE, DIE IN SCHWIERIGEN JAHREN TROTZDEM DIESE QUALITÄT HERVORBRINGT, DANN WÄRE ICH DUMM, WENN ICH SIE NICHT BEWIRTSCHAFTEN WÜRDE, AUCH WENN ES MANCHMAL EIN BISSCHEN MEHR WEHTUT."

Interview mit Sandra Sauer

Was war bislang das eindrucksvollste Erlebnis, das Sie je mit Silvaner hatten?

Der Silvaner ist ja eher keine internationale Rebsorte, sondern wird speziell mit Franken in Verbindung gebracht – und ein bisschen mit Rhein-Hessen. Ich war in London auf der Preisverleihung der International Wine Challenge, dort hat man dann immer einen Table Wine, also einen Tischwein, den man vom eigenen Weingut mitbringen kann. Und ich hatte mich tatsächlich für einen Silvaner entschieden. An unserem Tisch saßen verschiedene Weinhändler aus England, die den Wein dann natürlich auch probiert haben. Die Resonanz war durchweg positiv. Die waren total erstaunt, dass sie eine Rebsorte, die so was kann, bis jetzt noch nicht kennengelernt hatten. Als Weinhändler in England kannten sie natürlich Riesling und Sauvignon Blanc, aber Silvaner kannten sie nicht. Die Reaktionen waren wirklich eindrucksvoll, denn man sieht dem anderen ja meistens an, ob er den Wein gut findet oder ob er ihn nur gutredet. Das Schönste ist immer, wenn dein Gegenüber dann so leicht glänzende Augen kriegt, und du siehst ihm an, jawohl, das ist ein Wein, der hat ihn beeindruckt und überzeugt. Und das, fand ich, war ein richtig schönes Erfolgserlebnis mit unserem Silvaner.

Und das nimmt man dann mit zurück in das Weingut, und es ist vielleicht auch ein Anreiz, da weiterzumachen, oder?

Definitiv. Man hat ja immer so ein bisschen das Gefühl, man müsste sich auf internationaler Ebene mit dem Silvaner verstecken, weil

Riesling einfach viel vergleichbarer ist. Aber solche Erlebnisse zeigen einem dann, dass man damit überzeugen und auch neue Silvaner-Fans dazugewinnen kann.

Wie würden Sie die Stilistik Ihrer Weine beschreiben?
Wir möchten Weine machen, die ihre eigene Frucht haben, die also rebsortentypisch sind, die eine sehr präsente Säure haben, weil Säure ein ganz wichtiges Indiz für ein langes Leben und für die Frische der Weine ist, mit ein bisschen Kohlensäure dazu, und natürlich diesem Steinigen vom Muschelkalk. Ich will Weine, die elegant sind, die filigran sind und die Langstreckenläufer sind, also die über die Zeit hinweg immer mehr Spaß machen. Die zwar am Anfang vielleicht ein bisschen zu anstrengend sind, weil sie durch die Säure und durch diese Frische noch nicht den Trinkfluss haben, sich aber nach zwei, drei Jahren dann öffnen und sagen: Hey, hallo, hier bin ich.

Ihr Vater arbeitet seit 40 Jahren als Winzer, damals hat er die 1,5 Hektar großen Weingärten von seinem Vater übernommen. Wie haben sich die Vorstellungen im Laufe der Jahre verändert? Mit Ihnen ist ja bereits eine neue Generation am Start.
Als mein Vater vor 40 Jahren mit der relativ kleinen Fläche angefangen hat, war es wirklich so, dass Qualitätsstreben nicht an erster Stelle stand. Er war damals ja auch ein junger Mensch und hatte noch andere Dinge im Kopf. Fußball kam am Anfang für ihn noch an erster Stelle, er war ein begeisterter Fußballspieler, mit Herz und Seele, das Talent war da, aber wegen des Weinguts wollte er nicht in eine höhere Liga wechseln, dann hätte er ja weggemusst. Dieses Qualitätsdenken und Qualitätsstreben im Weinbau kam erst richtig in den 90ern. In der Zeit hat es angefangen, dass er gesagt hat: Das Wichtigste ist der Weinberg, wir müssen an der Qualität arbeiten. Mein Vater hat zu dieser Zeit zu den vier Winzern von Escherndorf gehört, die dem Lump wieder einen Namen gegeben haben. Und dann ist es gewachsen, gewachsen, gewachsen, das Qualitätsstreben. Die Qualitätsansprüche werden weiterhin immer höher. Und der Druck ist dann natürlich auch da, dass man jedes Jahr wieder die gleiche Qualität erzielt und an den Schrauben noch ein bisschen weiter nach oben dreht.

Ihr Vater hat das Weingut also zu dem gemacht, was es jetzt ist, hat den Qualitätsanspruch ausgearbeitet. Und welcher ist jetzt Ihr Part für die Zukunft?
Der Qualitätsanspruch kann nur der gleiche sein. Unsere Weine sind toll, sie lassen sich verkaufen, und sie schmecken mir selber. Es würde also überhaupt keinen Sinn machen, den Betrieb um 180 Grad zu drehen. Deswegen sind es auch wirklich die kleinen Stellschrauben, an denen ich drehe und so den ein oder anderen Wunsch verwirklichen kann. Wir haben dieses Jahr zum Beispiel komplett die Annahme für den Herbst geändert, die neue Presse ist erst seit diesem Jahr da. Wir lesen seit diesem Jahr auch schonender in Boxen anstatt auf Hängern, und bei uns im Keller steht eine Maischegärung, die mir die letzten Wochen schlaflose Nächte bereitet hat. Das sind dann die Dinge, die ich probiere, um noch mal von der Stilistik und der Qualität her ein bisschen zu drehen.

Also ist das Weingut Sandra Sauer in etwa das Weingut Horst Sauer.
Genau. Immer ein bisschen der Zeit angepasst, denn auch die Weinstilistik ändert sich ja ein wenig – was den Kunden schmeckt und was draußen auf dem Markt funktioniert –, aber im Großen und Ganzen wird es so bleiben. Es wird auch immer „Weingut Horst Sauer“ heißen, ich werde es nicht umbenennen.

Escherndorfer Lump – viel steiler geht es in Franken nicht. Die Arbeit in dieser Lage ist mühsam und zeitaufwendig. Was spricht denn noch für den Weinbau in Steillagen?
Das Gefühl. Mit der Steillage in Escherndorf haben wir – das hat es uns auch der Herbst 2016 wieder gezeigt – eine herausragende Lage. Wir haben in dem Jahr Escherndorfer Lump, Silvaner und Riesling gelesen, bevor wir Müller-Thurgau in der Flachlage gelesen haben. Und die hatten 96 Grad Oechsle, waren Spätlese-, fast Auslese-Qualität. Wenn ich wirklich so eine Lage mit solch einem Potenzial habe, die in schwierigen Jahren trotzdem diese Qualität hervorbringt, dann wäre ich dumm, wenn ich sie nicht bewirtschaften würde, auch wenn es manchmal ein bisschen mehr wehtut.

Sie haben ja auch spezielle Gerätschaften. Heißt das, ein bisschen Maschineneinsatz geht dann doch in Steillagen, wenn man das entsprechende Equipment hat?
Wir haben eine Raupe, die zum Beispiel beim Laubschnitt oder auch bei Pflanzenschutzmaßnahmen die Zeilen hoch- und runterfahren kann. Dass es immer noch

„ICH WILL WEINE, DIE ELEGANT SIND, DIE FILIGRAN SIND UND DIE LANGSTRECKEN-LÄUFER SIND.“

Mit Trockeneis wird der Sauerstoff aus den Leseboxen verdrängt. Dies schützt vor unerwünschten biologischen Vorgängen und Aromaverlusten.

dazugehört, durch den Weinberg zu laufen, ist ganz klar. Und dass das anstrengender ist als in der Flachlage, auch. Es ist Gott sei Dank nicht mehr der Weinbau wie vor 60 Jahren. Ich glaube, dann würden wir gar niemanden mehr finden, der mit uns durch die Steilhänge geht und darin arbeiten will. Es ist natürlich immer auch ein Risiko, mit Maschinen in so einer Steillage zu arbeiten, aber wenn man sich damit auskennt und sich damit befasst, dann funktioniert das schon.

Ihre Auslesen und Eisweine werden jährlich international zu den Besten gekürt. Liegt das an der Terroirtypizität, dass solche ausgezeichneten Weine entstehen, oder ist es Ihre Philosophie dahinter?

Beides. Ich komme dafür noch mal auf den Lump zurück und auf die Besonderheit, was die edelsüßen Weine angeht. Wenn der Nebel im Herbst jeden Morgen da ist – was aufgrund der Nähe zum Main der Fall ist –, bekomme ich schneller eine schöne Botrytis, also Edelreife, was ich natürlich wiederum der Lage zu verdanken habe. Auf der anderen Seite muss man es auch wollen. Ich muss es wollen, jedes Jahr Beerenauslese und Trockenbeerenauslese zu ernten. Da muss dieses Stückchen Leidenschaft mit dahinterstehen, Trauben hängen zu lassen, das Risiko einzugehen, natürlich auch beim Eiswein. Es ist ja tatsächlich so, dass wir uns damit einen Namen gemacht und in den letzten Jahren die entsprechende Aufmerksamkeit bekommen haben, was natürlich dann auch auf die trockenen Weine übergeht.

„WIR MÖCHTEN WEINE, DIE IHRE EIGENE FRUCHT HABEN, DIE ALSO REBSORTENTYPISCH SIND, DIE EINE SEHR PRÄSENTE SÄURE HABEN."

Aber es ist natürlich bei so risikoreichen Projekten auch immer Druck dahinter. Sagt man da nicht mal, dieses Jahr ist es einfach zu schwierig?

Da ist definitiv immer Risiko dabei. Wenn wir jemals gesagt hätten, es ist zu schwierig, dann wäre das wahrscheinlich im Jahr 2017 gewesen. Von der Lese her war das ein ganz außergewöhnlicher Jahrgang: Wir haben noch nie so schnell gelesen, noch nie so viele Trauben in so kurzer Zeit nach Hause bringen müssen. Man geht das ganze Jahr in die Weinberge und arbeitet darauf hin, dass man im Herbst schöne Trauben hängen hat und dass man es vielleicht auch ein bisschen genießen kann, diese Trauben zu ernten. Und dann kommt so ein Herbst, wo du im Endeffekt nur noch funktionierst und schaust, dass der Ablauf passt. Wir haben es aber meiner Meinung nach ziemlich gut hingekriegt. Die Weine gären super im Keller, auch von der Fruchtaromatik her entwickeln sie sich ganz toll, obwohl das kein leichter Jahrgang für uns war.

WEINGUT RUDOLF MAY

Im Eberstal bei Retzstadt liegt das 1999 erbaute Weingut May, geführt von Rudolf und Petra May, seit 2016 gemeinsam mit Sohn Benedikt. Hier wird die Ernte von über 13 Hektar Rebfläche ausgebaut und abgefüllt. Dabei ist die Arbeit im Keller davon bestimmt, die Natürlichkeit und den Nuancenreichtum der Trauben in die Flasche zu bringen. Die Weinberge, in Handarbeit bewirtschaftet, zeichnen sich durch karge, skelettreiche Muschelkalkböden aus. Der Retzstadter Langenberg mit Silvaner, Riesling, Weißburgunder und Spätburgunder, der sogenannte Etzstadter der Schäfer mit Silvanerstöcken und der Retzbacher Benediktusberg mit Silvaner, Grau- und Spätburgunder sind die Ersten Lagen des VDP-Prädikatsweinguts. Die Silvanerreben der Großen Lage Rothlauf am von Buntsandstein durchzogenen Thüngersheimer Johannisberg wurden 1968, die am Himmelspfad im wärmsten Areal von Retzstadt bereits 1963 gepflanzt. 2016 stieg das Weingut May zu vier Sternen bei Eichelmann und drei Trauben bei Gault&Millau auf.

Sie bewirtschaften Ihre Weinberge jetzt schon mehr als zwanzig Jahre, was ist denn Ihr favorisierter Jahrgang? Von welchem würden Sie sagen: „Das war bisher mein bester"?
Ich würde sagen: 2008, 2012, 2016.

Was waren das für Jahrgänge? Warum waren die Ihrer Einschätzung nach so gut?
Wenn ich jetzt 2008er-Weine probiere, sind die momentan noch wunderbar. Oder 2012er. Die 2009er waren recht alkoholisch. 2010 hatten wir Frostprobleme, das war kein gutes Jahr. 2011: überschaubar. 2012: Die Weine strahlen momentan. Ich finde, man kann einen Jahrgang erst beurteilen, wenn man ein paar Jahre Abstand hat. Und die 2012er-Weine sind momentan grandios, finde ich. Top-Weine auf jeden Fall.

„JE MEHR HANDARBEIT, UMSO BESSERE WEINE KANN MAN MACHEN."

Interview mit Rudolf May

Weinausbau heißt bei Ihnen kontrolliertes Nichtstun. Was verbirgt sich hinter diesem Begriff?
Bei dem Begriff geht es ausschließlich um den Ausbau. Wir machen sehr viel Arbeit im Weinberg, sehr viel Handarbeit. Wir reduzieren stark, teilen Trauben, betreiben biologischen Weinbau. Und lesen selektiv. Sortieren zu Hause dann noch mal aus, selektieren weiter, sodass wir im Keller nur gesundes Lesegut haben. Und wenn man gesundes Lesegut im Keller hat, dann ist der Ausbau easy going. Wir tun nichts dazu. Keine Hefen, keine Enzyme. Nur Schwefel zum Stabilisieren, irgendwann im Winter dann. Aber sonst kommt nichts dazu. Und die Weine lassen wir auf der Vollhefe liegen, die guten Weine bis Juli, ohne dass wir eingreifen.

Technische Innovationen optimieren in der Landwirtschaft die Erträge. Beim Weinbau hingegen geht der Trend zurück zur Handarbeit. Welcher Gedanke steckt dahinter?
Der Weinstock ist so individuell. Es gibt keine Maschine, die die Arbeit im Stock machen kann, weil jeder Stock anders ist. Und man braucht gutes Personal, gute Mitarbeiter. Viele Arbeiten muss man zum richtigen Zeitpunkt machen. Handarbeit ist eindeutig der Trend, denn je mehr Handarbeit, umso bessere Weine kann man machen.

Das heißt, Sie stehen dem Vollernter eigentlich mehr als kritisch gegenüber, oder?
Ich benutze keinen Vollernter. Es gibt durchaus Argumente, die dafür sprechen. Vor allem, wenn es schnell gehen muss. Aber mir gefällt das nicht. Man verliert durch den Vollernter immer ein bisschen Qualität. Gute Weine sind die Summe kleiner Details, da passiert kein Wunderwerk zwischen drin, sondern es sind ständig viele kleine Schritte, um die man sich zum richtigen Zeitpunkt kümmern muss.

Franken ist geprägt von unterschiedlichen Böden. Inwieweit bestimmt der Muschelkalk den Charakter Ihres Weins?
Zu hundert Prozent. Wir haben einen Weinberg, da ist er ein bisschen gemischt mit Buntsandstein. Aber weil wir keine Hefen einsetzen, keine Enzyme und andere Geschichten, versuchen wir, einfach den Boden spürbar zu machen. Das ist für mich eine ganz wichtige Aufgabe: den Boden im Wein spürbar machen. Unser Boden ist Muschelkalk, da kann man wunderbar filigrane Weine machen, die so flintstone- oder feuersteinmäßig daherkommen und nicht zu fett sind. Das ist mir wichtig. Eine gewisse Balance drin. Und eine Nachhaltigkeit, ohne dass sie zu schwer sind. Das ist so meine Philosophie.

„UNSER BODEN IST MUSCHELKALK, DA KANN MAN WUNDERBAR FILIGRANE WEINE MACHEN, DIE SO FEUERSTEINMÄSSIG DAHERKOMMEN."

WEINGUT FRANZISKA SCHÖMIG

Im kleinen, aber feinen Weingut Franziska Schömig – ein echtes Herzensprojekt der Gründerin und Namensgeberin – erfolgte die Bewirtschaftung der etwa drei Hektar Rebfläche von Anfang an nach ökologischen Richtlinien, seit Beginn der Neunzigerjahre auch als Verbandsmitglied von Naturland. Auf schweren Muschelkalkböden, die den Weinen ihren speziellen mineralischen Charakter geben, wachsen bei Markt Rimpar Silvaner, Riesling, Weißburgunder, Müller-Thurgau und Domina. Dabei wird die enge Verbundenheit mit der Natur deutlich sichtbar. So kennzeichnen Hecken, Obstbäume und Wiesen die Lage im Südhang des Rimparer Kobersberg und fördern die Artenvielfalt im Ökosystem. Nach der aufwendigen Arbeit im Weinberg und der Handlese ist im Keller die schonende Verarbeitung und Spontangärung prägend für die Stilistik der Weine. Die Weißweine werden klassisch im Edelstahl ausgebaut, der Rotwein reift nach einer offenen Maischegärung zwölf Monate im Tonneau.

„ICH BIN EIN NISCHENWINZER. ICH KANN DIE GANZEN AB-GEFREAKTEN DINGE MACHEN, AUF DIE ICH LUST HABE. ICH MUSS KEINEN MARKT BEDIENEN, ICH MUSS KEINE MASSE ER-ZEUGEN.“ Interview mit Franziska Schömig

Die letzten Jahre haben Sie gemeinsam mit Ihrem Vater das Weingut geführt und nun das Ruder selbst in die Hand genommen. Was ist Ihre Vision für Ihr Weingut?
Ich denke, das Motto ist auf jeden Fall: Der Weg ist das Ziel. Was ich in der Hand habe, ist die Qualität meiner Weine. Angefangen von der Arbeit draußen im Weinberg bis zum Keller möchte ich nichts dem Zufall überlassen. Ich denke, das ist eine gute Möglichkeit, um stark qualitätsorientierten Weinbau zu betreiben, weil man sich auf alles selbst fokussieren kann, wirklich selbst im Weinberg ist, im Keller selbst die Weine macht und nicht einfach nur delegiert. Das soll auch so bleiben. Ich möchte nie nur im Büro sitzen und einfach nur die Arbeitsanweisungen geben, sondern ich möchte das Handwerk ausüben.

Was machen Sie anders im Vergleich zu Ihrem Vater?
Ein klarer Unterschied ist, dass mein Vater nur die Weinberge bewirtschaftet, den Keller also nicht selber gemacht hat. Das ist der Schritt, den ich ganz alleine gegangen bin, wo ich mir selbst vertrauen muss und auch kein Back-up habe. Für mich hat der Weinbau einen hohen Stellenwert, da stecke ich meine komplette Leidenschaft rein und nehme das auch sehr ernst – von der Traube bis zum Etikett.

Wie unterscheidet sich Biowein von konventionellem Wein?
Ich glaube, gerade wenn man die letzten Jahre mit Klimaveränderung und Wetterkapriolen betrachtet, hat sich der Bioweinbau bewährt, weil hier die kulturtechnischen Maßnahmen so viel mehr Aufmerksamkeit bekommen und viel mehr Handarbeit gemacht wird, um zum Beispiel einen Pilzbefall draußen in den Weinbergen zu vermeiden. Das bedeutet natürlich auch viel mehr Manpower, und das ist für mich der größte Unterschied, dass man schon an der Traube selber versucht, alles so gesund wie möglich zu erhalten – ohne Einsatz von Fungiziden, Herbiziden, Pestiziden.

Welche Möglichkeiten bieten sich einer jungen Winzerin mit drei Hektar gegenüber einem großen, etablierten Betrieb?
Ich bin halt ein Nischenwinzer. Ich kann die ganzen abgefreakten Dinge machen, auf die ich Lust habe, ich muss keinen Markt bedienen, ich muss keine Masse erzeugen, ich muss meine Händler oder Gastronomen und Kunden nicht bauchpinseln, sondern ich darf mir auch mal was erlauben und kann viel mehr ausprobieren. Und das ist natürlich das Spannende daran, dass man sich da einfach ausleben kann in seiner Kreativität.

Und was sind die freakigen Dinge, die Sie machen?
Ob das jetzt maischevergorene Weine sind, unfiltrierte Weine, Weine ohne Schwefelzugabe – das sind die Visionen, an denen ich festhalte. Ich glaube, dass Wein so viel mehr bedeuten kann als das, was wir an Gutsweinen im Einzelhandel oder beim Winzer in der Basis kaufen können. Da viel mehr rauszuholen an Terroir, ohne mit Reinzuchthefen ranzugehen, auch mal spontan vergären zu können – das sind die Dinge, die ich liebe.

Ein Problem bei kleinen Weingütern mit Handlese ist es doch sicher auch, immer ausreichend Lesehelfer zu finden, oder?
Auf jeden Fall. Die Mannschaft draußen ist das höchste Gut, das man in dem Moment hat, weil das der Zeitpunkt im Jahr ist, auf den man hinarbeitet. Und aus dem Material, das reinkommt, möchte man seine Weine machen. Insofern ist es wichtig, die Leute alle richtig gut zu motivieren – und der Spaß an der Arbeit ist entscheidend. Weil die Leute einfach anders bei der Sache sind, wenn sie gut gelaunt sind und sich dem Thema so widmen, dass sie auch mit Leidenschaft dabei sind.

Wer unterstützt Sie da im Team?
Meine Familie natürlich und auch ein großes Portfolio an Freunden. Und wenn die Brotzeit stimmt, dann sind auch meistens genügend Leute dabei.

Was macht für Sie den Rimparer Kobersberg als Lage aus?
Wir haben Muschelkalkböden am Rimparer Kobersberg, sehr schwere Böden. Früher war dort viel Ackerland, das dann erst zu Weinbergen umgemodelt wurde. Trotzdem ist die Lage geprägt von Streuobstwiesen, von Hecken, es ist ein unglaublich großer Schutzraum für Insekten, für Vögel. Wir haben eine riesige Artenvielfalt dort in der Lage, das fördert natürlich auch eine andere Fauna und gibt meinem Boden viele Nährstoffe, mehr Humus, was die Vitalität der Reben verändert. Ich bin überzeugt, dass das etwas ganz Einzigartiges in Franken ist, weil Weinbau hier meist Monokultur bedeutet, und davon spürt man in dieser Lage ganz wenig. Das ist eigentlich das Besondere und Schöne daran.

F. Kanzlei-Archiv
F. Wirtschafts-Archiv
WA
WG

WEINGUT FÜRSTLICH CASTELL'SCHES DOMÄNENAMT

Das Fürstlich Castell'sche Domänenamt ist eines der ältesten Weingüter Deutschlands und Mitglied im VDP. Bis ins Jahr 1057 lässt sich die Spur der Familie Castell zurückverfolgen, seit 1202 trägt sie den Grafentitel, im Jahr 1901 wurden die Grafen vom bayerischen König in den Fürstenstand erhoben. Die erste urkundliche Erwähnung der vier wichtigsten Weinbergslagen stammt aus dem Jahr 1266. Mittlerweile bilden die sieben Lagen Schlossberg, Hohnart, Reitsteig, Trautberg, Kirchberg, Kugelspiel und Bausch den Kern des 70 Hektar großen Weinguts – die meisten davon im Alleinbesitz und geprägt von den lehmigen Gipskeuperböden und dem trocken-warmen Klima der Steigerwaldhänge. Der Silvaner, 1659 erstmals in Casteller Boden gepflanzt, besetzt mit fast 40 Prozent die Mehrheit der Rebflächen. Daneben legen Inhaber Ferdinand Fürst zu Castell-Castell und Weingutsleiter Peter Geil den Schwerpunkt auf Riesling, Weißburgunder und Spätburgunder.

„ICH GLAUBE, DASS TRADITION EIN SEHR MODERNER BEGRIFF IST; FRÜHERE GENERATIONEN, DIE WIR HEUTE ALS TRADITIONSSTIFTER ANSEHEN, HABEN DARÜBER GAR NICHT NACHGEDACHT."

Interview mit Ferdinand Fürst zu Castell-Castell

Das Fürstlich Castell'sche Domänenamt ist eines der ältesten deutschen Weingüter. Eine Tradition, die verpflichtet ...?
Eine Tradition, die verpflichtet. Meine Vorfahren haben hier über Jahrhunderte gewirtschaftet und sich in jeder Generation mit neuen Herausforderungen beschäftigen müssen, und im Rückblick sind die Generationen die Bemerkenswerten, die Erfolgreichen, die sich nicht zu sehr mit Traditionen beschäftigt haben, sondern die versucht haben, nach vorne zu schauen. Ich glaube, dass Tradition ein sehr moderner Begriff ist; frühere Generationen, die wir heute als Traditionsstifter ansehen, haben darüber gar nicht nachgedacht. Heutzutage schauen immer alle zurück und sagen: Das ist schon 300 Jahre alt, deswegen ist es wertvoll. Ich glaube, dass frühere Generationen nicht so gedacht haben, sie haben sich mehr mit der Gegenwart – und die Guten davon – mit der Zukunft beschäftigt.

Castell liegt an der östlichen Grenze des fränkischen Weinlandes am Rande des Steigerwalds. Inwieweit prägen die Landschaft und der Keuperboden die Weine?
Bei uns dominiert in allen Lagen der Keuper. Trotzdem ist die Ausprägung durch das Kleinklima und durch die geologischen Verhältnisse bei unseren Casteller Lagen, die sehr nah beieinander liegen, wiederum verschieden. Sie können in jedem Jahr einen Hohnart von einem Kugelspiel von einem Trautberg oder Kirchberg unterscheiden, obwohl überall Silvaner stehen, die von den technischen Daten – Säure, Alkohol, pH-Wert, Restzucker – sehr ähnlich sind. Alle sind sie aber typische Steigerwaldweine,

was eine längere Reifezeit mit sich bringt. Wir stellen fest, dass unsere Weine sich immer langsamer entwickeln und im ersten Jahr teilweise eine stürmische Jugend mitmachen, was uns dazu bewogen hat, die Lagenweine jetzt alle erst im September des Folgejahres in den Verkauf zu nehmen. Weine vom Muschelkalk sind oft früher zugänglich, sozusagen früher erwachsen geworden. Da brauchen wir mehr Geduld, was aber ein schönes Zeichen ist. Wenn man im Weinberg versucht hat, den richtigen Reifezeitpunkt zu erkennen und die Arbeitsschritte nicht nach dem Kalender, sondern nach dem Entwicklungsfortschritt einzuplanen, dann ist es nicht überraschend, wenn sich das im Keller und dann auch in der Flasche fortsetzt.

Sie haben auch einige Monopollagen und können vom Terroir her aus dem Vollen schöpfen. Was, würden Sie sagen, ist eine Lage, die sich mit ganz starker Charakteristik präsentiert?

Sie präsentieren sich alle mit einer Charakteristik, nur jeweils mit einer unterschiedlichen: Kugelspiel ein bisschen frischer, der Hohnart immer ein bisschen reifer, runder, gefälliger. Der Schlossberg wieder markanter, mit einer zweijährigen Lagerzeit und auch mit höherem Reifepotenzial, wo wir auch mit niedrigeren Erträgen arbeiten. Das Schöne dran ist, dass sie alle unterschiedlich sind und man sich für jeden Anlass einen Wein aussuchen kann.

Erste urkundliche Erwähnung des Silvaners in Franken 1659

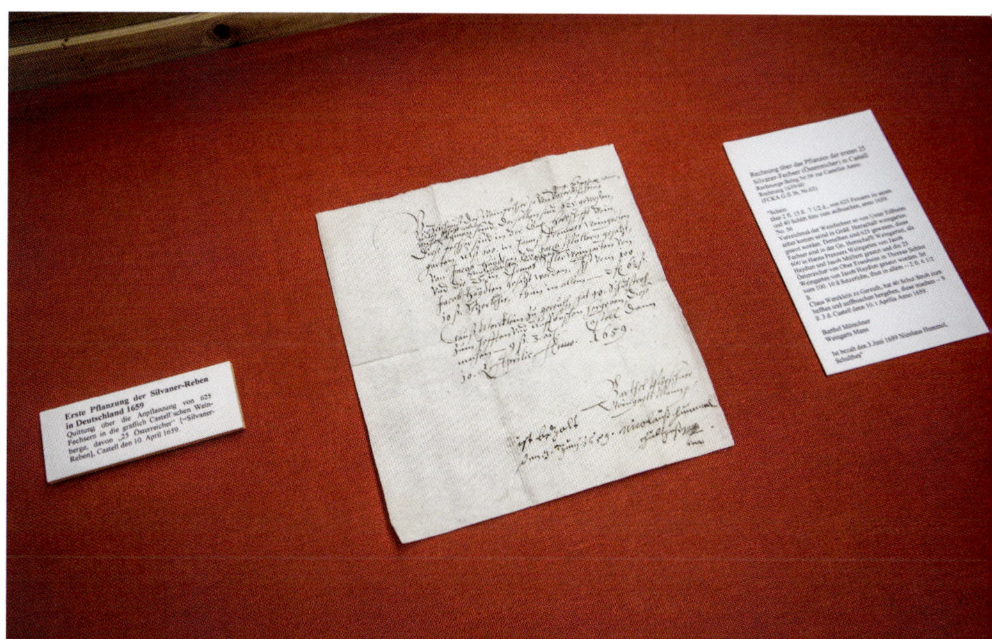

„BEI UNS DOMINIERT IN ALLEN LAGEN DER KEUPER. TROTZDEM IST DIE AUSPRÄGUNG DURCH DAS KLEINKLIMA UND DURCH DIE GEOLOGISCHEN VERHÄLTNISSE BEI UNSEREN CASTELLER LAGEN, DIE SEHR NAH BEIEINANDER LIEGEN, WIEDERUM VERSCHIEDEN."

Morgen wird ein hundertjähriger Weinberg gelesen. Ist das ein besonderes Juwel des Weinguts? Was macht diese Reben aus?
Diese Reben sind für uns ein Rätsel. Zum Teil wissen wir gar nicht, was das für Rebsorten sind. Der Weinberg gehört mir allerdings nicht, er gehört Frau Zapf, die nicht 100 Jahre ist, aber beinahe – und ohne die es diesen Weinberg sicher so nicht gäbe. Eine ganz beeindruckende Person, sie hat in ihrer Jugend mal an der Mosel gelebt, ist aber hier in Castell aufgewachsen und lebt sehr eng mit ihrem Weinberg. Sie hat diesen Weinberg einfach immer weiter gepflegt. Jemand anderes hätte ihn längst gerodet oder gesagt, der Ertrag reicht nicht mehr. Am Archiv haben wir hier in Castell übrigens tatsächlich einen der ältesten Weinstöcke Deutschlands: ein Hausstock, der von Fachleuten auf um die 400 Jahre geschätzt wird.

Casteller Weingut und Castellbank – geht das Hand in Hand?
Ja, das geht Hand in Hand. Beides hat viel mit Vertrauen zu tun. Jemand, der eine Flasche Wein kauft, vertraut dem Etikett oder dem Weingut oder den Menschen, die dahinter stehen. Nicht jeder probiert ja den Wein vorher. Und so ähnlich ist es in der Bank auch. Bankdienstleistungen sind für viele Menschen gar nicht so richtig durchschaubar und nachvollziehbar. Für manche schon, aber andere sagen: „Ich will nur wissen, dass ich da in guten Händen bin." Insofern gibt es schon sehr viele Parallelen.

Das ist jetzt eine gedankliche Verwandtschaft, aber im täglichen Geschäft ist es dann sicher auch hilfreich, wenn man im Unternehmen einen guten Partner hat.
Im täglichen Geschäft wird das Weingut von jemandem geleitet, der dafür besser qualifiziert ist als ich, werden meine Weinberge bewirtschaftet von einem Winzermeister, dessen Beruf und Leidenschaft das ist, werden die Weine im Keller ausgearbeitet von passionierten Kellermeistern, wird unsere Bank geleitet von zwei Vorständen, die wir dafür ausgesucht haben; nicht weil sie mit uns verwandt wären, sondern weil wir sagen, das sind die richtigen Persönlichkeiten, werden unsere Firmenkunden beraten von Menschen, die das gelernt haben. Es gibt also lauter Spezialisten für verschiedene Aufgaben. Meine Aufgabe ist eigentlich nur, zu schauen, dass auf jeder Position der richtige Mensch ist. Ich bin weder ausgebildeter Kellermeister, noch bin ich ausgebildeter Winzer. Ich habe ein bisschen Bankgeschäft gelernt, aber ich habe im Unternehmen lauter Mitarbeiter, die etwas besser können als ich.

WINTER

KELLERARBEIT

Nach der Lese und vor dem ersten Schnee erfolgt eine erneute Bodenbearbeitung und die Herbst-/Winterbegrünung wird eingesät.
Der Winter steht für die Winzer dann ganz im Zeichen der Kellerarbeit: Nachdem die Trauben im Herbst geerntet und in aufwendiger Arbeit sortiert, eingemaischt, gepresst und zu Most verarbeitet wurden, liegt der zukünftige Wein über mehrere Wochen im Gärtank oder Holzfass, wo auf „aktive" Vergärung mit gezüchteten Hefen oder auf die sogenannte Spontanvergärung mit nur „natürlich" im Weinberg vorkommenden Hefen gesetzt wird. Stellen die Hefen im Tank ihre Arbeit ein, wird der junge Wein „abgestochen" und in Fässer oder andere Tanks umgefüllt, wo er – je nach Rebsorte und Qualitätsvorstellungen – über mehrere Monate ausgebaut wird. Im Frühjahr oder Sommer wird er dann in Flaschen abgefüllt.
Die Fässer für den Ausbau können aus Edelstahl, Holz oder Stein sein; ebenso Tanks aus Kunststoff sind im Einsatz und seit einigen Jahren wird auch wieder mit Betoneiern experimentiert. Die unterschiedlichen Materialien bergen verschiedene Vor- und Nachteile; für die Winzer bedeutet dies eine bewusste Auseinandersetzung mit Fragen rund um Geschmack, Hygiene, Nachhaltigkeit, Gasdichte und Arbeitssicherheit.

WEINGUT HANS WIRSCHING

Das Weingut Hans Wirsching zählt zu den bekanntesten Privatweingütern Frankens und ist seit 1630 im Weinbau tätig. Nach den Weltkriegen und der Reblaus-Katastrophe legte Hans Wirsching mit den verbliebenen Weinbergen die Grundlage für den heutigen Betrieb, seine Söhne Dr. Heinrich Wirsching und Hans Wirsching bauten ihn seit 1966 aus. Auf den Iphöfer Spitzenlagen Julius-Echter-Berg und Kronsberg sowie der Steillage Kalb wird – in 14. Generation – heute eine Rebfläche von 90 Hektar bewirtschaftet. Der Silvaner ist mit etwa 40 Prozent die wichtigste Rebsorte, mit etwa 20 Prozent folgt der Riesling; Scheurebe, Weißburgunder, Grauburgunder, Müller-Thurgau, Bacchus, Kerner, Traminer, Chardonnay, Spätburgunder, Portugieser und Dornfelder ergänzen das Sortiment. Nach der Handlese erfolgt der Ausbau der Weißweine im Edelstahltank und im großen Holzfass, während die Rotweine im Eichenfass reifen. Diese Qualitätsphilosophie zahlt sich aus, unter anderem durch Top-Platzierungen bei Verkostungen im In- und Ausland.

Sie haben den Ruf, hervorragende und vielfach ausgezeichnete trockene Weine zu machen. Was bedeutet für Sie „fränkisch trocken", und was macht so einen Wein aus Ihrem Haus aus?
Unsere Weine wachsen auf Keuper. Das ist ein Gestein aus dem Schlamm, in dem die Dinosaurier gewatet sind, mit sehr viel organischem Material darin, also auch grünen Pflanzen und kleinen Tieren. Dieser Keuper liegt ganz feinplattig in dunkelgrauen Schichten übereinander, und diese Stilistik prägt auch unsere Keuperweine vom Steigerwald. Das zeigt sich in sehr vielschichtigen, feinen, würzigen, kräutrigen Weinen mit einem vollen Geschmack. Dieses ganze organische Universum hat sich im Prinzip versteinert und macht sehr füllige und kraftvolle Weine. Der hohe Kalkanteil in unserem Boden ermöglicht es, dass die Weine nicht sauer sind, sondern eben gerade dieses Mineralische herauskommt. „Fränkisch trocken" bedeutet dann, keine schmeckbare Süße zu haben, das äußert sich meistens in Restzuckergehalten unter vier Gramm. Der Charakter des Weines besteht darin, dieses Terroir zu schmecken, diese Mineralien, die Pflanzen, die ganze Natur, diese Tiefe – und eben nicht die Süße. Dann kommt eine Frucht dazu, die ist in unserem Fall beim Silvaner heutzutage ab und zu fast schon tropisch. Sehr außergewöhnlich. Man rechnet ja eigentlich eher mit irgendwelchen grünen, maximal etwas gelben Früchten, aber es ist eine Fülle, eine Opulenz, die natürlich davon profitiert, dass es in den letzten 20 Jahren richtig warm geworden ist und die Trauben richtig ausreifen können.

Was ist für Sie das Besondere an den Iphöfer Lagen wie Julius-Echter-Berg, Kronsberg und Kalb im Vergleich zu anderen fränkischen Anbaugebieten oder Weinlagen?
Wir sind sehr viel stärker als die anderen Lagen, die am Fluss liegen, auf das Mikroklima angewiesen. Ein Fluss wäre ja normalerweise so eine Art Klimaanlage, das fehlt uns hier. Und gerade in unseren Breiten, also am Steigerwaldrand, war es früher oft sehr, sehr kalt. Unsere drei Lagen sind seit Jahrhunderten gewachsene Standorte, die sich für ganz hervorragenden Wein bewährt haben. Das kommt vor allem daher, dass der Steigerwald im oberen Bereich eine Kappe aus Mischwald hat, der die Weinberge nach Norden und Osten hin schützt, sodass die heiße Luft, die von Süden und Westen kommt, sich da fängt. Der Julius-Echter-Berg ist ein ganz typisches Beispiel dafür, er fängt die Sonne und auch die warme Luft wie eine Satellitenschüssel ein. Wir haben im Julius-Echter-Berg Bodentemperaturen bis zu 70 Grad an der Oberfläche, wenn es richtig heiß ist. Und diese Wärme führt dazu, dass die Pflanzen am Abend noch ein, zwei Stunden länger arbeiten und daher einfach auch eine ganz andere Leistung an Photosynthese bringen. Am Ende ist ja so ein guter Weinberg immer eine Photovoltaikanlage.

„DER CHARAKTER DES WEINES BESTEHT DARIN, DIESES TERROIR ZU SCHMECKEN, DIESE MINERALIEN, DIE PFLANZEN, DIE GANZE NATUR, DIESE TIEFE – UND EBEN NICHT DIE SÜSSE."

Interview mit Andrea Wirsching

Welche Philosophie verfolgen Sie beim Ausbau Ihrer Weine?
Die meisten unserer Weine werden reduktiv ausgebaut. Unsere Großen Gewächse haben wir in großen Holzfässern, aber das Gros unserer Weine wird im Edelstahl ausgebaut, auch wenn es im Moment nicht Mode ist. Aber wir sagen, die Weine, die die Leute im Alltag trinken, dürfen nicht anstrengend sein. Wir haben hier einen Betrieb mit 90 Hektar, der über 60 Prozent an Privatkunden verkauft, die hierherkommen, bei uns anrufen, bestellen. Da merkst du ganz genau, ob der Wein schmeckt oder nicht. Das Gros der Weine muss den Boden zeigen, unsere kräftige, würzige, aber auch eine ganz feine, frische, fruchtige Art.

Maschineneinsatz und Pestizide belasten die Böden ja stark. Welche Techniken nutzen Sie, um möglichst nachhaltig zu arbeiten und somit fruchtbaren Boden für die Pflanzen zu erhalten?
Für uns ist der Boden tatsächlich das Allerwichtigste. Deswegen spritzen wir kein Kupfer und schauen auch, dass wir die Frequenz der Pflanzenschutzmaßnahmen niedrig halten, sodass der Boden nicht zu sehr verdichtet wird. Wir verwenden keine Pestizide, wir haben da sehr viel Geld investiert und machen das tatsächlich von Hand beziehungsweise mit teuren Anbaugeräten, sodass man unter dem Rebstock mit Flachschar und Bürsten die Sache sauber hält. Glyphosat gibt es nicht mehr bei uns. Wir arbeiten im Prinzip so, dass wir von

der Biobewegung so viel wie möglich mitnehmen. Aber wir lassen uns nicht zertifizieren, weil wir uns am Ende die Freiheit offen halten wollen, gesunde Trauben zu erzeugen. Denn ein guter Wein wird aus gesunden Trauben hergestellt.

Es geht also um die Trauben. Sobald die in Gefahr sind, ist dann Schluss mit Öko?

Dass ein gesunder Boden die Voraussetzung für gesunde Trauben, für guten Wein ist, das ist völlig klar. Und ich glaube nicht daran, dass Kupfer, das als Schwermetall nicht abgebaut wird, die ganze Sache besser macht. Manchmal ist bio für mich auch eine Marketinggeschichte. Wir sind jetzt hier seit vielen Jahrhunderten und vielen Generationen und wollen das auch bleiben. Das heißt, ich habe die Verantwortung, dafür zu sorgen, dass die nächsten Generationen auch noch ein intaktes Biotop haben und hier tatsächlich gesunde Weine herstellen können. Aber wir leben im Moment in einer Zeit, in der sehr viele Dinge weltanschaulich betrachtet werden. Als Profi musst du sachlich sein. Es geht darum, die Ressourcen abzuwägen: Mit welchen Mitteln belaste ich bei dem Arbeitsschritt den Weinberg am wenigsten? Unsere Gesellschaft, die im Moment mit Lebensmitteln umgehen muss, die gesundheitsschädlich sind, ist natürlich sehr sensibilisiert. Aber man muss andererseits auch sehen: Alle Untersuchungen zeigen, dass es keine Rückstände im Wein gibt.

Der Bocksbeutel als Ikone des Frankenweins: Was assoziieren Sie mit dieser Flaschenform? Und sehen Sie die neuen Bocksbeutel als Wegweiser für die Zukunft des Frankenweins?
Der Bocksbeutel ist ein unglaublich kostbares Tool, das wir hier in Franken haben. Und Wein ist ja Kulturgeschichte, Menschheitsgeschichte. Der Bocksbeutel entstand im Prinzip als „Bugsbeutel", als Flachmann, den man in den Beutel reintun konnte, in dem das Gebetbuch war. Dass der Bocksbeutel jetzt neu gestaltet worden ist, ist wirklich eine tolle Sache. Und ich sehe auch die Motivation, die dahinter stand, nämlich diese Flasche, die für viele Leute ein bisschen verstaubt war, wieder in die moderne Lebenswelt zu holen. Wir allerdings sind ein traditioneller Betrieb, auch in den Augen des Publikums. Wir müssen nicht alles mitmachen, und ich liebe die Form des alten Bocksbeutels. Das ist Wirsching: ein ovales Etikett, dazu die Halsschleife auf dem runden Bocksbeutel. Ich glaube, wir können uns diese Art von Vintage leisten.

Also finden Sie die neue Form an sich gelungen?
Peter Schmidt hat das vom Design her toll gemacht, aber ich glaube, dass wir hier mit dem authentischen langfristig besser fahren.

Seit Neuestem stellen Sie nun auch einen Gin mit dem Namen WIRGIN her. Wie kamen Sie zu diesem Projekt?
Die Idee zu dem Projekt kam von unserem Kellermeister, Dr. Klaus-Peter Heigel. Er ist ein sehr kreativer Mensch, der auch unternehmerisch denkt und der einfach viel kann. Insofern ist das tatsächlich seine Spielwiese, und ich fand die Idee großartig. Meine Schwester Lena hat dann einen Designer gesucht und sich um das Packaging gekümmert.

Was zeichnet Ihren Gin aus?
Wir haben bei unserem Gin darauf geachtet, dass er den Charakter, den auch unsere Weine hier haben, diese Fruchtigkeit und Kräutrigkeit, zeigt. Das beginnt damit, dass die Basis dieses Gins kein Neutralalkohol ist, sondern eben Branntwein. Also wir haben unsere eigenen Weine gebrannt als Basis genommen. Deswegen darf er übrigens auch nicht „Gin" heißen. Und dann haben wir als Botanicals vor allem Orangenblüte, Lavendel, Ingwer und natürlich den Wacholder dazugetan.

ADOLF ADRIAN
GROSSHEUBACH

BÜTTNEREI ASSMANN

In Eußenheim nördlich von Würzburg liegt die Büttnerei Aßmann. Drei Generationen arbeiten in dem Handwerksbetrieb: Karl Aßmann gab sein Wissen und Können an seinen Sohn Andreas weiter, bei ihm ging wiederum Sohn Erik in die Lehre. Sie fertigen zwar auch Saunabottiche oder Fassmöbel, ihren exzellenten Ruf haben sich die Aßmanns jedoch mit der fachkundigen Fertigung von runden und ovalen Weinfässern in allen Größen erworben. Zwischen fünf und 4.000 Liter fassen diese, und für die Herstellung verwenden die Aßmanns nur bestes, persönlich ausgesuchtes Eichenholz, vorwiegend aus dem Spessart. Erst nach mindestens dreijähriger Lagerung wird es verarbeitet – mit viel Sorgfalt und in einem langwierigen Prozess. Vor allem die Barriques aus Eußenheim, kleine Eichenholzfässer mit etwa 225 Liter Inhalt, sind bei Winzern begehrt, dienen sie doch der Veredlung von Rot- und Weißweinen sowie Destillaten, die während der Reife jene typische, feine Barrique-Note erhalten.

„ICH BEKOMME E-MAILS VON WINZERN, DA HEISST ES: ‚MEIN WEIN, DEIN FASS, EINFACH GEIL.‘ DAS GEHT RUNTER WIE ÖL.“

Interview mit Andreas Aßmann

Sie führen einen Handwerksbetrieb in der dritten Generation. Was hat sich im Laufe der Jahre verändert?
Wir machen mehr, das Holzfass ist wieder im Kommen. Und wir bauen das Fass auch ein bisschen anders auf als mein Großvater und mein Vater früher. Aber ansonsten haben wir das Rad nicht neu erfunden.

Gibt es irgendwelche technischen Innovationen in dem Bereich?
Es gibt natürlich neuere Maschinen, es gibt CNC-Fräsen und, und, und. Aber die möchte ich gar nicht, weil ich dann den Bezug zu meinem Holz nicht mehr habe. CNC-Maschine heißt, ich lege das Holz in eine Maschine, die geht komplett zu, fräst, und bis ich wieder zu dem Holz komme, hat die Absaugung alles weggenommen. Wenn ein Holz riecht, ist das Problem, dass diese Aromen dann ins Fass mit eingebaut werden und den Wein schlecht machen. Wir arbeiten zwar auch mechanisch, also nicht mehr ganz von Hand, aber ich kriege eher mit, wenn das Holz irgendein Problem hat.

Aktuell setzen immer mehr Winzer auf das Holzfass. Wie erklären Sie sich die Entwicklung weg vom Stahltank?
Das große Fassküfer-, Büttner-, Schäfflersterben war in den 60er-Jahren. Damals ging es um Quantität statt Qualität. So viele Fässer konnten wir gar nicht bauen, wie da produziert worden ist. Dann kamen ein paar schlechte Jahre, also waren die Fässer nicht mehr voll und sind kaputtgegangen. Natürlich hat die Industrie auch Kunststofftanks entwickelt, GFK, aber auch Edelstahltanks. Die muss ich nicht pflegen, mache sie erst sauber, wenn ich das Gebinde brauche. Sobald ich ein Holzfass vernachlässige und es fängt zu schimmeln an, ist das Fass kaputt. In den 80er-, 90er-Jahren etwa ist die Entwicklung dann dahin gegangen, die Weine im Weinberg zu reduzieren. Weniger hereinholen, dafür die Qualität heben. Und auch die Endverbraucher haben jetzt ganz andere Ansprüche als vor 30 Jahren.

Ihre Fässer werden aus Spessarteiche gemacht. Inwieweit gibt das dem Wein eine Charakteristik?
Wir verwenden nur unsere Eiche aus einem Umkreis von 80 Kilometern. Wo die Eichen geschlagen werden, merkt der Endverbraucher aber meiner Meinung nach gar nicht. Der Küfer gibt dem Fass dann seine Note. Das heißt: Wie lang ist mein Holz getrocknet? Wie verarbeite ich es beim Biegen und Toasten der Fässer? Da wird dann das i-Tüpfelchen aufgedrückt. Wir kommen jedenfalls kaum nach mit unserer Fassproduktion.

Wie wird jetzt aus dieser Spessarteiche ein Holzfass? Und wie lange dauert es bis zum finalen Fass, das bereit zum Verkauf ist?
Los geht es beim Holzeinkauf. Wir gehen meistens zu zweit raus in den Forst. Die Stämme liegen schon, so sehe ich: Wie ist der Stamm gewachsen? Wie riecht er? Hat er Äste? Hat er Einschlüsse in den Jahresringen? Und dann kann ich auf den Stamm bieten. Bei uns wird er zuerst geschält. Die Rinde kommt ab, damit man sieht, ob er einen Drehwuchs hat. Aus solchen Stämmen werden dann meistens die Barriquefässer gerichtet, das heißt gespalten, gesägt, getrocknet. Aus den anderen Stämmen, die keinen Drehwuchs haben, werden die Lagerfässer gemacht. Also stärker angeschnitten, bis 60, 70 Millimeter. Die werden dann auf Leisten gelegt, kerngetrennt. Für ein Barriquefass bleibt das Holz abhängig von seiner Stärke drei bis fünf Jahre draußen, bevor es verarbeitet wird, und beim großen Lagerfass sind es fünf Jahre. In der Werkstatt werden als Erstes die Dauben zugerichtet: Sie werden auf einer Seite rund gemacht, sie werden auf Länge gebracht, die Stoßfuge wird hingefügt. Und dann wird das Fass zusammengesetzt, wird mit Wärme, Hitze, Wasser und sanfter Gewalt mit dem Seilzug gebogen. In so einem großen Lagerfass bleibt mindestens drei, vier Stunden Feuer drinnen, um die Spannung im Holz abzubauen. Durch die Hitze kommt es zu einer chemischen Umwandlung im Holz, ich vergleiche das gerne mit Toastbrot. Dann werden die Fassköpfe behandelt, sie werden ausgegerbt, geendet. Danach kommt die Nut, die Gargel, rein. Anschließend werden die Böden gefügt, sie werden zusammengedübelt, gezirkelt und rumgesägt, eingeschnitten, damit der Boden in die Nut passt. Wenn der Boden eingebaut ist, wird das Fass gedämpft, danach kommt ein Teil der Reifen wieder ab. Es wird abgehobelt, neue Reifen kommen drauf. Die Böden werden noch verschliffen und schön plan gemacht. Zuletzt wird es lackiert und mit Wasser befüllt – und dann ist das Fass fertig.

Wie prägt das Holzfass den Wein?
Das Holz ist ja nicht hermetisch verschlossen, der Wein kann im Holzfass atmen und dadurch besser reifen. Er wird runder, feiner als in einem Stahl- oder Kunststofftank und natürlich kommt es darauf an, was der Winzer für einen Wein reinlegt, wo die Reise hingehen soll.

Gibt es da unterschiedliche Fässer dafür?
Bei den Barriquefässern, 225 Liter, weiß jeder: Der Wein hat dann schon etwas mehr Holz. Obwohl der Winzer das gar nicht will, dass der Wein erschlagen wird mit Holz. Das ist dann die Kunst des Büttners.

Und wie können Sie in der Produktion beeinflussen, wie intensiv das Holzfass ist?
Bei einem neuen Fass kriegt der Wein immer Holz ab. Entweder verschneidet der Winzer das dann mit einem alten Fass oder er nimmt ein größeres: Bei einem großen Volumen wird die Oberfläche zum Liter geringer, dann kriegt der Wein auch fast nichts mehr an Aromen ab. Und es kommt halt auch wieder auf den Wein an. Einen Riesling, einen Silvaner in ein neues Fass, da wird's schon eng. Ich habe Kunden, die finden es super. Aber ich persönlich würde es niemals vorschlagen.

BAYERISCHE LANDESANSTALT FÜR WEIN- & GARTENBAU

Die Bayerische Landesanstalt für Weinbau und Gartenbau kümmert sich um alle wichtigen Belange des Weinbaus und der Weinwirtschaft in Bayern. Das Arbeitsfeld der in Deutschland einzigartigen Institution umfasst neben der angewandten Forschung, der Beratung der Weinbaubetriebe sowie der Förderung und Lehre auch den Vollzug des Weinrechts und die Entwicklung und Unterstützung des Weintourismus. Dabei ist die LWG Vorreiter, Impulsgeber, Forschungsstätte und kompetenter Ansprechpartner zu Fragen rund um den Rebenanbau, zu Rebschutz, Rebphysiologie, den Rebsorten in Franken und dem Lebensraum Weinberg, aber auch zu oenologischen Verfahren der Weinbereitung und aktuellen kellertechnischen Entwicklungen, die sie untersucht und weiterentwickelt. Ihre „Staatliche Meister- und Technikerschule für Weinbau und Gartenbau" in Veitshöchheim bietet in der Fachrichtung Weinbau und Oenologie darüber hinaus Winzern und Weintechnologen seit mehr als einem Jahrhundert eine fundierte Ausbildung.

Kellerwirtschaftliche Versuche finden im Kleinstmaßstab auch in Glasballons statt.

„WIR SEHEN UNS EHER ALS VORAUSDENKER, VORAUSSCHAUENDE, DIE ENTWICKLUNGEN AUFGREIFEN, DIE VIELLEICHT ERST IN EINIGEN JAHREN FÜR UNSERE WINZER RELEVANT WERDEN."

Interview mit Dr. Hermann Kolesch,
Präsident der LWG

Herr Kolesch, Sie sind Präsident der LWG. Sehen Sie sich als Sprachrohr der fränkischen Winzer?
Wir sehen uns eher als Vorausdenker, als Vorausschauende, die Entwicklungen aufgreifen, die vielleicht erst in einigen Jahren für unsere Winzer relevant werden. Dann sehen wir uns natürlich als Berater, das heißt als Begleiter bei einer betrieblichen Entwicklung. Wie will sich ein Betrieb aufstellen? Welche Qualitätsphilosophie verfolgt er? Will er bauen? Dafür ist unser Haus zuständig. Und wir sehen uns als Lehrer: Wir sind selbst Ausbildungsbetrieb und haben hier unsere Schule zum staatlich geprüften Meister und Techniker für Weinbau und Oenologie; das ist eine ganz wichtige Herzensangelegenheit, dass wir unser Wissen, unsere aktuellen Forschungsergebnisse, aber auch unsere Erfahrungen bündeln und der jungen Generation weitergeben können. Wir setzen auch durchaus mal provokant Impulse, gerade zum Thema Biodiversität. Und wir sind natürlich auch da, um für die Herausforderungen der Zukunft Lösungen zu finden. Das ist der Klimawandel, das ist das Thema Wasser, das sind neue Schädlinge und Krankheiten. Das ist immer das Thema Qualität. Das ist immer das Thema Kulturlandschaft Wein. Wir geben Entscheidungshilfen, und dann obliegt es dem Winzer, sie aufzugreifen.

Die LWG ist staatliche Forschungsstätte und Impulsgeber. Welche Innovationen gehen von Ihrem Haus aus?
Wir sind stolz darauf, dass wir 2012 mit unseren Schülern den ersten Wein aus der Ton-Amphore gemacht und damit das Thema Maischegärung bei Weißwein aufgegriffen haben und jetzt fortführen. Wir sind sehr stolz darauf, dass wir beim Entwicklungsprozess des neuen Bocksbeutels PS eine tragende Rolle gespielt haben. Wir sind stolz darauf, dass wir den Winzern mit der dezentralen Bewässerung Möglichkeiten anbieten können, kostengünstig Wasser zu speichern. Ganz aktuell sind wir beim Thema alkoholreduzierter Weine wieder ganz vorne mit dabei, was die Technologie betrifft. Stolz sind wir darauf, dass wir mit unserer Bauberatung das Thema Weinarchitektur in Franken in dieser Form umsetzen konnten. Wir sind auch stolz darauf, dass wir mit der Trias-Gruppe das Thema Terroir aufgegriffen haben, es damals vor 20 Jahren gesetzt haben, und dass wir bei „Frank und Frei" dabei sein konnten, als es um die

In solchen Tonamphoren – auch Kvevris genannt – fand vor 8.000 Jahren die erste Weinherstellung statt.

Entwicklung dieses ersten wahren Markenweins in Franken ging. Aktuell begleiten wir die ETHOS-Winzergruppe, die sich einen ethischen Erzeugungskodex gegeben hat und damit neue Akzente im nachhaltigen Weinbau setzt.

Welche Ziele und Visionen pflegen Sie in der LWG?
Franken soll mit den besten Weißweinregionen der Welt in einem Atemzug genannt werden. Und da reden wir von Südtirol, da reden wir von Burgund. Natürlich müssen wir ständig an der Qualitätsschraube drehen. Aber das oberste Ziel ist, dass Franken dort auch wahrgenommen und wertgeschätzt wird, wo es qualitativ hingehört.

Inwieweit unterscheidet sich Franken Ihrer Meinung nach von anderen Weinregionen?
Überall wo Wein wächst, gibt es schöne Landschaften, gibt es Kultur, gibt es gutes Essen. In Franken setzen wir jedoch bei der Entwicklung des Weintourismus mit dem Konzept „Franken – Wein.Schöner.Land!“ im europäischen Kontext eine Benchmark. Und mit dem Silvaner haben wir eine Rebsortenidentität, die zwar immer schon da war, aber jetzt doch an Dynamik gewinnt. Eine wahre autochthone Rebsorte, mehr als 350 Jahre alt, die vom einfachen Schoppenwein bis hin zum großen edelsüßen Wein und zum maischevergorenen Wein aus der Amphore alles kann. Wir sind stolz darauf, dass wir das fränkische Terroir mit Buntsandstein, Muschelkalk und Keuper in dieser Dichte nebeneinander haben. Das ist unsere Identität.

Welche Innovation braucht der Frankenwein?
Wir brauchen Lösungsansätze im Bereich der Steillagenbewirtschaftung. Ich setze da sehr stark auf die Digitalisierung und die Robotik, die Schwarmtechnologie. Wenn ich ein bisschen träumen darf, dann möchte ich in den nächsten zehn Jahren irgendwo so ganz kleine, schildkrötenartige Geräte im Weinberg rummarschieren sehen, die oben am Steilhang anfangen, das Unkraut mulchen und niederhalten und unten wieder in den

Im hochmodernen Versuchskeller können unter Praxisbedingungen pro Jahr bis zu 400 verschiedene Weine ausgebaut werden.

„FRANKEN SOLL MIT DEN BESTEN WEISS-WEINREGIONEN DER WELT IN EINEM ATEMZUG GENANNT WERDEN.“

Wagen einsteigen und zum nächsten Weinberg fahren. Das ist eine der größten Herausforderungen, aber auch eine der größten Chancen, dass die Weinbergsarbeit hier erleichtert wird. Dann möchte ich, dass unsere Reblandschaft wieder diese Artenvielfalt hat, die sie vor 50 Jahren hatte. Wir haben sehr viel Grün in die Weinberge gebracht, aber wir müssen vielfältiger und wieder bunter werden.

Sie haben den Prozess der Neuentwicklung des Bockbeutels PS begleitet. Warum wurde dieses Redesign vorgenommen?
Wenn man Veränderungen einführt, wird man immer polarisieren. Nun kommen wir in einer Zeit, in der es dem Frankenwein supergut geht, mit einer Veränderung des Bocksbeutels. Der Ikone. Es ist ein Kulturgut, an dem man rüttelt. Es gäbe mit den anderen Flaschenformen – der Burgunder-, Schlegel- und Bordeauxflasche – ja auch Alternativen. Doch dann hat uns Peter Schmidt das Angebot gemacht, und wir haben es angenommen, weil es von einer Designgruppe gekommen ist, von der wir niemals zu träumen gewagt hätten. Der Prozess hat deswegen so lang gedauert, weil der Bocksbeutel eine Diva in der Herstellung ist, weil er kulturell anspruchsvoll ist, weil er geschützt ist. Es gibt ein mathematisches Modell, das eingehalten werden muss, eine Formel aus der EU-Verordnung. Er ist schwierig in der Lagerung. Das heißt, es waren wahnsinnig viele Tests nötig. Und 3.500 Winzer davon zu überzeugen, ist auch keine so einfache Aufgabe. Aber ich bin der festen Überzeugung, dass der Bocksbeutel mit der Modernisierung auch wieder als Markenzeichen an Wert gewinnen wird. Und wenn die Italiener, die ja designverliebt und auch designkompetent sind, einem zu so einer Flasche gratulieren, dann kann es nicht so verkehrt sein.

WEINGUT SCHMITT'S KINDER

Bereits seit 1712 betreibt die Familie Schmitt Weinbau in Randersacker, heute kultivieren Renate, Karl und Martin Schmitt mit ihrem Team insgesamt 14 Hektar Rebfläche. Neben Silvaner gedeihen auf Muschelkalk in den renommierten Lagen Pfülben, Marsberg, Sonnenstuhl und Teufelskeller auch Riesling, Müller-Thurgau, Scheurebe, Weißburgunder, Rieslaner, Bacchus, Spätburgunder und Domina an den Sonnenhängen des Maintals. 30 bis 70 Prozent Steigung erfordern ein hohes Maß an Handarbeit im Weinberg, auch die Weinlese erfolgt ausschließlich und selektiv per Hand. Doch die Mühe lohnt sich: So wurde das VDP-Mitglied 2018 unter anderem mit vier Sternen bei Eichelmann und drei roten Trauben bei Gault&Millau ausgezeichnet. Der Name des Weinguts, Schmitt's Kinder, geht übrigens zurück auf die Zeit um 1910, als die damaligen Erben den Betrieb, anders als üblich, nicht untereinander aufteilten. Sie entschieden sich für eine gemeinsame Bewirtschaftung der Weinberge und Vermarktung der Weine.

Ihr Weingut hat eine lange Tradition, es wird schon in der zehnten Generation geführt. Inwieweit spielt das Übertragen des Wissens beim Weinmachen eine Rolle und welchen Anteil hat dabei die Innovation?
Das Wissen spielt eine ganz große Rolle. Denn Weinbau ist ja eine sehr langwierige Geschichte. Allein wenn man einen Weinberg pflanzt, dann steht der heute 40 Jahre, am liebsten sogar 50 oder noch länger. So gesehen hat man im Leben nicht viele Chancen. Und wenn man da schon überliefert bekommt, von seinem Vater, Opa, Uropa, wo was am besten wächst, dann ist das natürlich ein entscheidender Vorteil. Ich kann jetzt hier in dem Weingut starten, habe meinen Vater im Hintergrund, der schon einiges ausprobiert hat und auf dessen Wissen ich wieder aufbauen kann. Da ist Tradition ganz wichtig. Zu Beginn habe ich schon drei, vier Jahrgänge Erfahrung sammeln müssen, darüber wie der Weinberg, wie der Wein aus welchem Weinberg tickt. Wo die Stellschrauben sind, wo man sich weiterentwickeln kann. Und damit ist man schon bei der Innovation. Das ist eigentlich das Schöne, dass man mit der Tradition das feste Fundament hat und darauf stehend etwas weiterentwickeln kann.

Und was sind konkret Innovationen, die Sie ein Stück weit mit reingebracht haben?
Auf der einen Seite ist es eine stete Weiterentwicklung. Ob man entblättert, was man entblättert – das sind schon kleine Faktoren, die mit hineinspielen. Aber dann experimentiert man natürlich auch mal mit unterschiedlichen Gärdauern, Hefelagern, einem anderem Holzfass; die Holzfässer sind wieder stärker geworden. Mein Vater hat eigentlich früher fast alles im Holzfass ausgebaut. Dann kam der Edelstahl. Und heute ist es so, dass man den Edelstahl und auch das gute Holzfass braucht. Eine weitere Innovation: In den letzten 20 Jahren – vielleicht auch mit mir – ist auch der Rotwein, gerade der Spätburgunder, wieder stärker geworden. Wobei auch Riesling und Silvaner deutlich an Finesse gewonnen haben.

„IM KELLER LIEGT DER FOKUS BEI UNS GANZ EINDEUTIG AUF STRUKTUR, MINERALITÄT, FEINER FRUCHT, ELEGANZ.“

Interview mit Martin Schmitt

Was bedeutet Qualität für Sie?
Natürlich muss der Wein fehlerfrei und sauber sein. Das ist die grundlegende Qualität. Aber darüber hinaus muss Wein Spaß machen, muss Freude bereiten, man muss ein gewisses Spiel haben im Wein, also Mineralik, Struktur. Und wenn der Wein das voll erfüllt, dann hat man eigentlich die beste Qualität.

Vor welchen Herausforderungen stehen Winzer heute im Vergleich zu denen vor 100 Jahren?
Ich würde sagen, mit dem Wandel der Zeit Schritt zu halten. Vor 100 Jahren, das war noch vor der ganzen Mechanisierung. Es gab noch keinen Traktor, es gab ein Pferd. Als dann in den 60er-Jahren die ersten Traktoren aufgekommen sind, war das natürlich ein ganz großer Sprung. Und die Herausforderungen heutzutage sind einfach, dass man in der Qualitätsspitze gut mithält, aber auch wirtschaftlich bleibt.

Im Vergleich zur Generation Ihres Vaters: Was hat sich verändert? Oder ist es im Prinzip gleich geblieben?
Es ist nicht ganz gleich geblieben. In den 80er-Jahren ging es schon auch Richtung Qualität, aber da war die ganze Marktsituation eine komplett andere. Heute muss man am Markt viel mehr kämpfen. Man braucht ein bestmögliches Produkt, um überhaupt bestehen zu können. Und dann ist natürlich auch der Kostendruck ein ganz anderer heutzutage.

So etwas wirkt sich natürlich auch stark aus, wenn man fast ausschließlich per Hand liest, oder?
Richtig, wir machen eine komplette Handlese und arbeiten auch das ganze Jahr über sehr handarbeitsintensiv. Und unser Wein ist

„DAS IST EIGENTLICH DAS SCHÖNE, DASS MAN AUS DER TRADITION DAS FESTE FUNDAMENT HAT UND DARAUF STEHEND ETWAS WEITERENTWICKELN KANN."

überwiegend in Hang- und Steillagen angebaut, was vom Arbeitseinsatz her heftig ist. Auf der anderen Seite beherbergen diese steilen Hänge auch die besten Weinberge. Die daraus gewonnene höchste Weinqualität entschädigt dann für die Mühe! Und macht Freude! Außerdem versucht man natürlich auch, sehr nachhaltig zu arbeiten. Wir hacken inzwischen auch wieder einige Flächen, und Herbizide setzen wir nicht mehr ein.

Aber das ist jetzt noch kein ökologischer Weinbau?
Nein, wir sind nicht zertifiziert, ein Bio-Zertifikat ist nicht unser oberstes Ziel. Das Ziel sind einfach die besten Trauben, die beste Qualität. Wir arbeiten aber ganz dicht dran, sehr stark in Richtung Bio.

Und was spricht gegen eine komplette Zertifizierung?
Es gibt ein paar Punkte, die wir im Moment nicht umstellen wollen. Und eigentlich spielt in der Spitze, in der wir uns bewegen, Bio eine Rolle, aber nicht die ausschlaggebende. Es ist ein gesunder Mittelweg, den wir gehen, da zählt auch oft der gesunde Menschenverstand. Am Bioanbau gefällt mir nicht alles, am konventionellen Anbau gefällt mir auch nicht alles. Wir machen einen integrierten Pflanzenschutz, der aber die ganzen kulturtechnischen Maßnahmen schon mit einschließt – wie Blätter entfernen, die Trauben freistellen, dass sie nicht faulen, dass man eine gute Durchlüftung durch die Rebzeile hat. Wir setzen an Pflanzenschutzmitteln wirklich nur so viel ein wie absolut notwendig. Wenn es sein muss, dann muss man es machen. Bevor die Trauben verderben.

Was sind die wichtigsten Schritte auf dem Weg zu einem guten Wein?
Wein entsteht eigentlich schon im Kopf. Man hat ein Bild im Kopf, auf das man das ganze Jahr hinarbeitet. Und die Krönung ist natürlich dann die Weinlese, sind dann später auch die Trauben, weil man nur mit den besten Trauben auch den besten Wein machen kann. Und in der Kellerwirtschaft muss man dieses Beste dann umsetzen zu gutem Wein. Man kann es im Keller nicht mehr besser machen, aber man kann den Wein perfekt ausbauen. In die Stilrichtung, in der man ihn haben möchte.

Was ist Ihnen beim Ausbau der Weine wichtig?
Wir lassen uns beim Ausbau ziemlich viel Zeit. Und bei Traubenannahme arbeiten wir komplett über Schwerkraft, das heißt mit einer ganz schonenden Maischeverarbeitung. Wir wollen vollreife, richtig fruchtige Trauben. Aber im Keller möchten wir diese Frucht nicht zu sehr intensivieren. Der Fokus liegt hier ganz eindeutig auf Struktur, Mineralität, feiner Frucht und Eleganz.

Und wie arbeitet man das im Keller dann raus?
Indem man die Weine gezügelt vergärt, aber auch nicht zu kühl, und sich einfach ganz viel Zeit lässt beim Weinausbau. Also ein langes Feinhefelager, dann kommt der Ausbau, ab den ersten Lagen aufwärts verwenden wir ganz gerne das große Holzfass, das klassische fränkische Doppelstückfass mit 2.400 Liter oder größer. Das sind alte, gebrauchte Fässer, die keinen Holzgeschmack mehr abgeben, also dienen sie praktisch nur der Entwicklung und der Reife des Weins. Wenn man die Weine mit der Feinhefe in das Holzfass legt, dann verlieren sie ihre Ecken und Kanten ein bisschen schneller, werden runder und werden einfach nachhaltiger und feiner. Das geht natürlich nicht, dass man Weine für vier Wochen in das Holzfass legt, sie müssen dann schon ein paar Monate drin liegen, damit man den Effekt merkt. Deswegen füllen wir viele Erste-Lagen-Weine auch erst nach dem Sommer oder teilweise vor dem neuen Herbst ab.

Könnten Sie konkret noch einmal ein paar Arbeitsschritte in der Kellerwirtschaft erläutern?
Ja. Wenn der Saft von der Presse läuft, ist er ja praktisch naturtrüb, wie ein naturtrüber Apfelsaft, da ist noch Fruchtfleisch dabei, einige Kerne vielleicht. Vergärt man dieses Fruchtfleisch, dieses Mark oder auch diese Unreinheiten mit, kann das zu Bitterness führen oder einfach zu unschönen Aromen, wenn die Trubstoffe ausgelaugt werden. Deshalb machen wir eine sehr schonende Saftvorklärung über Sedimentation. Der Saft kommt nach dem Pressen der Trauben in den Vorklärtank, wird leicht gekühlt, dass er nicht angärt, und dann setzt sich der Trub unten ab und wir können oben den klaren Saft abziehen. Dieser geklärte Saft vergärt dann sehr sauber, überwiegend mit altbewährten Reinzuchthefen. Ein bisschen spielen wir auch immer mit Spontangärung; wenn es perfektes Lesegut ist, dann kann man auch gerne eine Spontangärung machen, mit traubeneigenen Hefen. Die Rotweine, die wir unten liegen haben, sind zum Beispiel alle spontan vergoren. Das gibt auch ein bisschen einen anderen Charakter, und so kann man schon Einfluss auf den Wein nehmen. Beides ist gut, man sollte nicht das eine oder das andere verteufeln. Also da muss jeder seinen Weg finden. Nach der Gärung kommt das Weinhefelager, da machen wir einen relativ frühen ersten Abstich, damit das dicke Hefelager rauskommt. Auf der Feinhefe kann der Wein sich dann wirklich voll entfalten, das ist eine Hefe, die auch sehr fein schmeckt, das mögen wir wirklich gerne.

Quintessence
VICARD
DISTINCTION
2012

DANKE

Wir möchten uns an dieser Stelle noch einmal bei allen Unterstützern und den beteiligten Weingütern für die Mitarbeit an diesem Herzensprojekt bedanken. Ohne euch wären die Seiten wohl leer geblieben. Deshalb vielen Dank dafür, dass ihr uns mit in eure schönsten Lagen genommen, eure Weinkeller für uns geöffnet und mit uns über den Frankenwein philosophiert habt!
Herrn Dr. Kolesch (Landesanstalt für Wein- und Gartenbau) sei besonders gedankt für seine inhaltliche Mitarbeit, Norbert Treuheit und Magdalena Haid (ars vivendi verlag) für das entgegengebrachte Vertrauen in dieses ungewöhnliche Werk sowie unseren Partnern, Familien und Freunden, die uns mit Rat und Tat zur Seite gestanden sind.

Es ist ein langer Weg mit unzähligen Arbeitsschritten, den der Wein zurücklegt, bis er letztlich im Glas landet. Zahllose Möglichkeiten prägen seine Charakteristiken, aber ohne Hingabe und Liebe zum Detail und ohne ein Quäntchen Glück mit dem Wetter zur richtigen Zeit kann einfach kein guter Tropfen entstehen. Hinter jedem Glas steckt über ein Jahr lang andauerndes, konsequentes Engagement bei Wind und Wetter im Weinberg, stecken ein aufreibender Herbst und Feingefühl beim anschließendem Ausbau des Weines im Keller.

Gar nicht mal so anders gestaltete sich die Arbeit an diesem Buch. Nachdem wir unsere Vision in ein Konzept verpackt und engagierte Helfer gefunden hatten, ging es über ein Jahr raus zu den beteiligten Weingütern in ganz Franken. Es wurde im Weinberg geackert, parallel am Layout und am Look gearbeitet, bis wir dann nach einem spannenden Herbst den Winzern im Keller über die Schulter schauen konnten. Wie der Wein wurde dann auch das Buch ausgebaut, und wir feilten unzählige Stunden am Layout, der Schrift und den Bildern, um die Arbeit des ganzen Jahres zusammenzuführen.

Das Resultat halten Sie nun in den Händen! Wir sind fasziniert von dem Herzblut der Winzer und hoffen, dass Sie als Leser mit in die spannende Welt des Frankenweins eintauchen können.

Stefan Bausewein & Julia Schuller

Originalausgabe
2. Auflage Oktober 2018
1. Auflage September 2018

www.arsvivendi.com

Umschlagabbildung und Fotos: © Stefan Bausewein Fotografie, Würzburg
Umschlaggestaltung, Layout und Satz: Julia Schuller, Strom von Quelle Designbüro, Würzburg
Textredaktion und Lektorat: Dr. Felicitas Igel, Magdalena Haid
Printed in the EU
ISBN 978-3-86913-992-0

Mehr Infos zum Buch unter: www.die-weinmacher-franken.de